当代城市公共艺术发展与艺术价值的再思考

王成玥　陈　峰　崔清楠　著

中国纺织出版社有限公司

图书在版编目（CIP）数据

当代城市公共艺术发展与艺术价值的再思考 / 王成玥，陈峰，崔清楠著 .-- 北京：中国纺织出版社有限公司，2020.8

ISBN 978-7-5180-6452-6

Ⅰ.①当… Ⅱ.①王… ②陈… ③崔… Ⅲ.①城市景观－艺术价值－研究 Ⅳ.① TU984 ② J114

中国版本图书馆 CIP 数据核字（2019）第 155661 号

责任编辑：武洋洋　　责任校对：高　涵　　责任印制：储志伟

中国纺织出版社有限公司出版发行
地址：北京市朝阳区百子湾东里 A407 号楼　邮政编码：100124
销售电话：010—67004422　传真：010—87155801
http：//www.c-textilep.com
中国纺织出版社天猫旗舰店
官方微博 http：//www.weibo.com/2119887771
三河市延风印装有限公司印刷　　各地新华书店经销
2020 年 8 月第 1 版第 1 次印刷
开本：710 × 1000　1/16　印张：14.25
字数：266 千字　定价：55.00 元

前言

我国历史悠久，文化积淀深厚，幅员辽阔，地理差异悬殊，民族众多，形成了很多独具特色的城市，这些城市大多具有卓越的艺术风格。在国际上，中国城市的历史与公共艺术作品独具一格，为世人所共识，是璀璨的世界文化艺术的重要组成部分。

“城市让生活更美好”这句标语随着现代城市化进程的发展已经深入人心。随着城市化进程的加速与社会经济的发展，城镇的规模与体量、各种空间要素的科学性和合理性成为人本意义上的现实问题。城市公共设施和公共管理问题随之凸显，城市规划与设计在其中发挥了不可忽视的作用。公共艺术作为城市规划与设计中重要的一部分，作为体现精神文明的媒介，也在城市的发展中渐渐进入人们的视野中。

公共艺术的概念与界限十分广泛，城市雕塑、公园、壁画、商业街区等都涵盖在内。公共艺术体现了城市的品牌、文化、形象，城市人文复兴、创新科学的规划、市民生活、城市民主与和谐都离不开公共艺术。公共艺术似乎有些姗姗来迟，不过自从进入中国社会，它也参与到了中国城市建设的各方面。随着中国申奥成功，“鸟巢”“水立方”等大型公共设施也随之落成，其创新、拟态的外观以及多功能的复杂结构同时满足了审美与实用两方面的需求，体现了时代感和中国的大国精神，成为国际公共艺术上耀眼的一章。

本书共分六章，第一章对当代城市公共艺术进行了简要介绍，包括公共艺术的基本概念，中国当代公共艺术研究背景、目的及意义，城市公共艺术思潮在当代中国的启蒙、演变与展望，城市公共艺术的价值。第二章对公共艺术与城市文化进行了论述，包括公共艺术及其文化精神、公共艺术的城市背景、公共艺术与城市形态、公共艺术的城市职责。第三章讨论城市公共艺术及景观构筑物的分类和特点，包括景观性公共艺术和景观构筑物、建筑性公共艺术和景观构筑物、展示性公共艺术和景观构筑物、纪念碑式公共艺术和景观构筑物、偶发性公共艺术和景观构筑物。第四章阐述城市公共艺术的呈现方式及作品风格，包括城市公共艺术的呈现方式、强调视觉美感的风格、具有隐喻性内涵的风格、突破地域限制的风格、引发情感共鸣的风格、注重材料质感的风格。第五章分析城市主题公共艺术案例，包括辽宁老工业基地主题公共艺术案例分析、沈阳老工业基地主题公共艺术案例分析、以雕塑为主题的公园公共艺术案例分析、城市文化公园公共艺术案例分析、城市广场公共艺术案例分析、城市商业设施公共艺术案例分析等内容。第六章对城市公共艺术的未来指向进行了研究。

本书为作者主持的2017年辽宁省教育厅高等学校基本科研项目（基于辽宁老工业基地的主题公共艺术建设与发展研究，项目编号：LG201723）的课题研究成果。在整个撰写和出版过中汲取和借鉴了多位同行业专家的理论与实践成果，在此对所涉及的专家、学者表示衷心的感谢。本书内容系统全面，论述条理清晰、深入浅出，力求论述翔实，但是由于作者水平有限，书中难免会有疏漏之处，希望同行学者和广大读者予以批评指正。

作者

2020年6月

目 录

第一章 当代城市公共艺术概述…………………………… 001
第一节 公共艺术基本概念…………………………………… 001
第二节 中国当代公共艺术研究背景、目的及意义……… 006
第三节 城市公共艺术思潮在当代中国的流变…………… 008
第四节 城市公共艺术的价值………………………………… 020
第二章 公共艺术与城市文化………………………………… 045
第一节 公共艺术及其文化精神……………………………… 045
第二节 公共艺术的城市背景………………………………… 058
第三节 公共艺术与城市形态………………………………… 065
第四节 公共艺术的城市职责………………………………… 069
第三章 城市公共艺术及景观构筑物的分类和特点……… 111
第一节 景观性公共艺术和景观构筑物…………………… 111
第二节 建筑性公共艺术和景观构筑物…………………… 113
第三节 展示性公共艺术和景观构筑物…………………… 116
第四节 纪念碑式公共艺术和景观构筑物………………… 117
第五节 偶发性公共艺术和景观构筑物…………………… 121
第四章 城市公共艺术的呈现方式及作品风格…………… 123
第一节 城市公共艺术的呈现方式………………………… 123
第二节 强调视觉美感的风格………………………………… 132
第三节 具有隐喻性内涵的风格……………………………… 134
第四节 突破地域限制的风格………………………………… 137
第五节 引发情感共鸣的风格………………………………… 139
第六节 注重材料质感的风格………………………………… 141
第五章 城市主题公共艺术案例分析……………………… 145
第一节 辽宁老工业基地主题公共艺术案例分析………… 145
第二节 沈阳老工业基地主题公共艺术案例分析………… 147
第三节 以雕塑为主题的公园公共艺术案例分析………… 148

第四节　城市文化公园公共艺术案例分析…………………………… 155
第五节　城市广场公共艺术案例分析………………………………… 167
第六节　城市商业设施公共艺术案例分析…………………………… 181
第六章　城市公共艺术的未来指向研究…………………………… 189
第一节　制度与文化兼顾……………………………………………… 189
第二节　城市公共艺术参与的平民化………………………………… 194
第三节　城市的艺术化与公益化……………………………………… 197
第四节　城市的艺术化与生态化……………………………………… 199
第五节　城市的艺术化与本土化……………………………………… 215
第六节　城市公共艺术资金来源的多元化…………………………… 216
参考文献…………………………………………………………………… 218

第一章　当代城市公共艺术概述

如今，当代城市公共艺术的研究已经成为一个热点话题。本章从公共艺术的基本概念说起，交代中国当代公共艺术研究背景、目的及意义，分析城市公共艺术思潮在当代中国的启蒙、演变与展望，并对城市公共艺术的价值进行分析。

第一节　公共艺术基本概念

“公共艺术”由“公共”和“艺术”复合而成，其含义却不止这两者概念的总和，“公共艺术”可以衍生出许多与其相关的概念，例如公共空间、大众文化，若想清晰明确地定义它的确不容易，还有可能陷入盲人摸象的小格局里面，只见树木，不见森林。我们首先分析“公共”与“艺术”的含义，再对“公共艺术”的概念进行探究。

首先说“公共”，谈及公共和公共空间，就肯定要提到古希腊、古罗马，其城邦政治为市民社会提供了发展的环境，建构了历史上公共文明和公众空间的优秀典范，例如古希腊的城市广场。“公共”这个词可以追溯到17世纪中叶的英国，到了18世纪，哈贝马斯提出了公共领域理论，这个理论在将国家与社会分离的基础之上，认为公共领域是存在于国家与社会间的公共空间及时间，不仅不受国家政权的干涉，而且不受私人利益的牵绊，人们在此可以自由发挥言论，自由讨论公共事务。这个时候的公共领域已经与古希腊时期关乎政治及国家的概念有所不同了，而且是站在了其相反的立场上，与大众生活和社会文化领域直接相通，成了公众争取自由平等的广场，抗衡于国家权力的哈贝马斯的公共领域理论及后续的一系列著作，为公共艺术的诞生和发展提供了理论基础。

其次，说到“艺术”，可以说自从人类诞生起，艺术就始终陪伴着人类，存在于人类生产生活的方方面面，作为人类最高级的体验及表达方式与人类共同走过浩瀚的历史，艺术在不间断的终结与新生间得到了永恒。

原始人类带着艺术的天性为后世留下了有限的山洞壁画。封建社会因为绝对君权及愚民统治的政治诉求而将艺术禁锢在少数“神圣空间”之中，例如北京的紫禁城，它们和它们的遗迹直到今天还是被当作完美艺术的典范被后人所瞻仰。艺术发展的一个转折点当为文艺复兴以及后续的启蒙运动，艺术开始远离生活，渐渐地成了精英阶层的特权，向纯粹和绝对理性发展。远离生活的艺术只有尽头和终点，而无法绵延向前。

到了20世纪60年代，开始盛行后现代主义，启蒙主义运动所提倡的“理性”被提出质疑，在艺术领域则体现在反对全球化风格、提倡人文和个性化，艺术开始跨领域与大众化，并逐渐渗入人们的日常生活中，艺术家开始重新思考怎样用艺术表现社会问题，例如生态问题、种族问题、弱势群体问题等。

最后，说到公共艺术（Public Art），其起源始终存有争议，一种说法为源自古希腊民主城邦，另一种说法为在西方20世纪60年代真正兴起。公共艺术，因其公共性的特征呈现于公共空间，与个人的私密空间相对立，从本质上来讲是服务于民主社会、普罗大众的。古希腊、中世纪和君主制社会阶段公共艺术并未在公民中产生讨论性的空间，这是当时的政治制度的束缚，所以从某种意义上来讲是“前现代”的，真正现代意义上的“公共艺术”是指20世纪第二次世界大战时期发展的公共艺术。美国在1933~1934年间雇用了上万名艺术工作者，产生了数以万计的惊人的艺术作品。而在1965年，美国国家艺术基金直接以赞助公共艺术为主，作为艺术家在公共空间进行艺术作品创建的基金。城市设计延续了赖特的“广亩城市”、霍华德的“田园城市”、马塔的“带形城市”、戛涅的“工业城市”和柯布西耶的“光明城市”的思潮，促进了人们对城市空间文化的思考。到了20世纪70年代，欧洲也注入了与以传统人物为主的城市雕塑不同的新的公共艺术现代语言的血液，尤其20世纪70年代末法国提出“艺术在都市中”的城市建设主张。

因公共艺术的公共性，强调两个方面：社会学与生态人文环境。关于这两方面的论述，中国的学者已经做出了不少。例如，皮道坚在《公共艺术：概念转换、功能开发与资源利用》中指出：“公共性不只是公共艺术的前提，毋宁说更是它的灵魂。毫无疑问，公共艺术首先必须关怀社会核心价值，必须通过舆论引导批评精神，因此，我们完全有理由说，一个时代、一个国家或民族的公共艺术体现着这个时代、国家和民族的民主与自由的程度。”这一论述直接体现了公共艺术的功能与审美，而且在社会学意义上，以公众需要为目的，成为社会交流的标识性空间，塑造城市、国家与民族的精神文明。

公共艺术从生态人文环境的角度来看，偏向于服务建筑和周边环境，组织和改善整体空间和环境状态，同时也作为以“人”为核心的城市文脉传承者，具体实施于三个方面：整合原生生态资源、协调生态平衡、稳固公共关系。李永清在《公共艺术》一书中说道：“公共艺术是以人的价值为核心，以城市公共空间、公共环境和公共设施为对象，运用综合的媒介载体的艺术行为。公共艺术既不是一门学科，也不是特指一种艺术表现形式。”所以说，公共艺术并不是普通印象中城市角落的一个雕塑或大型建筑，它的形式较为灵活，虽然在艺术圈内的人看来公共艺术有着本身的审美意义及艺术家个人价值，不过考虑其“社会情景及多方位的期待——如社会与公民教育、历史纪念、文化传承、地域特征、道德传扬、景观功能等方面的要求和制约，即必须注重公众在观赏公共艺术时所形成的公共舆论和社会（包括政治）意向”。这个论述将公共艺术的环境需要与人文需要相结合，细致地阐释了公共艺术的功能。

因为公共艺术并不是某一种易于界定的、特有的艺术形式，也没有过类似艺术宣言或者其他事件作为出现依据，因而目前世界各国对公共艺术的基本概念还是没有得出完全统一的定义和解释。2015年，在深圳举办的“公共艺术在中国”学术讨论会上，不少专家结合自身所接触的研究和实践情况，对于公共艺术的概念进行了梳理，以下是会上对公共艺术概念所达成的共识：

（1）从公共艺术的表现空间而言，城市公共艺术是“公共空间中的艺术”，主要指其作品设置场所需具备公共性特征。

（2）公共艺术是针对“公共性”的艺术，而“公共性”则与公共权力相关。

（3）公共艺术不是某种特定的、具体的艺术形式，而是所有能涵盖公众生活状态，并以艺术手段给予表达的城市文化现象。

（4）公共艺术是位于城市公共空间中，一切能唤起公众审美体验的事物：除常见的城市雕塑、壁画等艺术形式之外，还包括城市建筑、景观造型、园林绿化等。

（5）公共艺术中，对公众参与性的强调，是其有别于其他艺术种类的重要原因之一。

（6）公共艺术是艺术与城市公众进行对话与交流的一种方式，它体现了交流、共享、民主、开放的精神态度。

还有学者研究了西方发达国家20世纪30年代以来公共艺术的实践历程，总结出公共艺术的基本概念及特点，主要包括以下几个方面：

（1）公共艺术是设置在公共空间（街道、广场等），直接面对不同阶层的社会公众而进行参与、介入和欣赏的艺术。

（2）公共艺术作品（包括艺术景观、环境设施及其他一切公开进行展示的艺术形式），具有普遍的公共精神：它关怀与尊重社会公共利益和情感，标示和反映社会公众意志及理想。

（3）公共艺术品的遴选、展示方式及其运作机制，充分体现着公共性。特别是艺术项目的立项、作品的遴选、建设及管理维护的机制均具有广泛的公共参与性，同时接受公共舆论的评议与监督。

（4）公共艺术品作为社会公共资源之一，可供社会公众共同享有。

可以说，公共艺术在艺术从现代主义转向后现代主义的进程中获得了崭新的生命力，艺术走向生活、面对公共，从精英艺术转向大众艺术，广义上包含视觉艺术（如绘画、雕塑、建筑、景观等）、听觉艺术（如戏曲、演唱等）、大地艺术、行为艺术、观念艺术等前卫艺术。公共艺术的核心价值是其开放地包容普通大众及普通生活，不断发掘艺术与空间、艺术与生活之间的互动关系，深入参与时代精神的塑造与介入大众的内心世界。与此同时，永恒的批判精神、界面模糊性以及多面延伸性均为公共艺术提供了不竭的发展动力。

城市公共艺术注重从文化价值观入手，进而营造公共环境。城市公共艺术是城市文脉积淀和传承的一个重要载体，城市中的公共艺术作品不仅传承了传统文化，而且激活了传统文化新的生命力，成为推动城市发展的文化因子——公共艺术不仅可以为城市带来精神享受、公众性思考，还可以为城市带来经济收益和社会的生机。

出色的公共艺术可以成为一个区域或者城市的地标、文化中心，成为城市居民能够“诗意栖居”的公共空间，这已经不仅仅是审美层面的“点睛之笔”，有时甚至成为城市凝聚的灵魂。西方发达国家有很多成功的例子可供我们参考。

例如美国芝加哥政府于19世纪晚期提出了“城市美化运动”，该运动是以公共艺术为着手点进行城市建设的优秀案例，通过公共艺术与城市设计的巧妙结合，使芝加哥的城市形象得到了很大的改善。进入21世纪以后，随着公共艺术的发展，芝加哥的城市美化运动也进入了高峰，2004年建成的“千禧公园”就是一个典型案例。千禧公园的闻名，与经典的公共艺术作品“皇冠喷泉”是分不开的。“皇冠喷泉”主体是黑色花岗岩制成的倒影池，两侧为以玻璃砖建成的建筑体。艺术家把芝加哥市民的面孔利用现代技术投射在15.2米高的LED屏幕上，两个大型影像屏幕每小时相继变换6个芝加哥市民的面部表情特写，并通过新媒体技术营造出喷泉从市民口中喷出的幻象。“皇冠喷泉”的创作过程也具有代表性：为了采集这些影像资料，设计者普朗萨（Jaume Plensa）采取了样本采集的方式，他邀请了1000位芝加哥市民做模特，分别拍摄记录下他们的表情，并把这些动态表情投射在玻璃砖砌成的建筑物表面，喷泉的水量也会随着画面的变化而发生相应的改变。位于南北方向的两座塔楼遥相呼应，成了互动媒体公共艺术的出色案例。

再如《北方天使》（*The Angle of North*）是英国境内的巨型雕塑，是著名雕塑家葛姆雷（Antony Gormley）具有代表性的一件外地标作品。该雕塑创作于1998年，位于纽卡斯尔城的入口处，重达200吨，身高20米，两翼展开54米，通体是棕红色钢铁，屹立于英格兰绿色的原野上，昂首挺胸，气势磅礴。纽卡斯尔是因煤矿兴起的城市，经历了现代工业的洗礼以后，传统产业渐渐地没落，致使该地区出现劳动力外流、人口老龄化等社会问题。在制作雕塑的时候，葛姆雷选择使用当地企业铸造的钢铁，这一举动从文化角度上对当地曾经的黄金时代作了纪念，从经济角度更是为当地带来了商机，这件公共艺术作品所需的原材料为当地居民提供了大量的就业岗位，间接地改善了一系列社会问题。并且，这件作品也成了当地最佳的观光资源。该镇被英国《卫报》和《观察家报》的读者选为最佳游览地点。之后，纽卡斯尔先后成立了当代美术馆和音乐馆，使这里从一个默默无闻的小镇，转变成一个艺术文化重镇。

另外还有，美国20世纪波普艺术家奥登伯格（Claes Oldenburg）往往对日常用品的复制、等比例放大，将其制成雕塑并置于公共空间，使其成为地标性的艺术品。将普通物品作为原型雕塑，改变其材质和比例，通过“陌生化”的手法产生戏剧性的效果，引起人们对日常生活的反思。如“衣夹”，高达13.7米，矗立于高楼林立的小广场中，在周围高楼的映衬下，其所带的弧度与比例使雕塑显得典雅华丽。这件作品是一个日用品在公共空间介入的先例，它暗示了人类的渺小无知，同时也希望人类怀有一颗谦卑的心。

随着社会的迅猛发展，中国城市化进程步伐加快，中国的城市面临着转型发展的重要历史机遇，在资源紧缺、城市人口增长高预期的背景之下，怎样才能做到有效果、有策略地提升城市空间品质，强化城市软实力，解决快速城市化进程带来的千城一面的问题，是城市规划建设者需要面临的一个重要课题。将公共艺术规划列为城市规划与城市建设必不可少的组成部分，并对城市规划与公共艺术规划的关系进行整体思考，对于城市品牌和城市形象的建立、城市美学及经济价值的产生、城市居民生活幸福度的提升都有着决定性的作用。

第二节　中国当代公共艺术研究背景、目的及意义

进入现代社会前，“公共艺术”几乎都是神权、宗教、贵族和政治势力的产物，例如罗马市政广场的雕塑、巴黎协和广场的方尖碑等，那时公共空间的艺术是为权力阶层服务的，凌驾于大众之上。18世纪的启蒙主义运动带来了民众的思想解放，对专制和特权主义进行了强有力的批判，同时提出了“公共性”“公共空间”等重要概念。20世纪60年代，后现代主义被提出，并在哲学界、艺术界、建筑界等有所表现，后现代主义质疑理性，提倡个性艺术走向大众，同时公众对公共空间的权利要求开始觉醒，有的国家开始设立公共艺术基金，开展公共艺术竞赛及作品征集。

20世纪70~80年代是我国公共艺术发展的一个重要转折点，在此之前，公共艺术发展几乎处于停滞状态，题材也主要是领袖像和社会重大事件。受内部环境与外部环境的影响——一方面在全球化的背景下，国际艺术思潮进入中国；另一方面中国社会内部面对剧烈变革和转型，体现出文化建设的需要，1979年，由张仃、袁运生、袁运甫等艺术家共同创作的首都国际机场壁画打开了中国公共艺术的大门，成为中国当代美术史上的一个里程碑。

到了20世纪80年代中期，以西方抽象主义、人文主义和自由主义为基础的“85美术新潮”运动冲破了传统的限制，开启了艺术多元化发展的新时代，艺术家的时尚标签中加入了自由创作、求新求变，由此诞生了一大批略显粗糙但是题材独到、观念新颖、充满锐气与活力的作品。与此同时，在这场美术运动中所开展的各种批判和反思为后续的学术理论奠定了一定的基础，同时也提出了艺术公共性、艺术市场等问题。

进入20世纪90年代后，随着中国城市化建设与民主化进程的发展，人们的公共空间意识越来越强烈，开始关心环境、历史文化保护、公共设施等问题，人们希望在充满诗意的空间中居住，而不是千篇一律的钢铁水泥城市。与此同时，在政府的倡导之下，全国范围内也开始评选宜居城市、园林城市、卫生文明城市。在这种大环境下，公共艺术作为城市形象塑造、城市环境创新的一种实现方式受到日益广泛的关注。随着学科建设及人才培养，公共艺术的创作也从单纯的壁画师、雕塑家单独完成发展成艺术工作者、景观设计师、建筑师、规划师共同协作完成。

20世纪90年代的深圳在公共艺术的建设措施方面走在全国的前列：1996年，深圳市南山区委、区政府规定，只要是大型建筑就必须拿出总投资的3%用于城市雕塑。这个举措在全国属于首例，对国内公共艺术发展意

义巨大。1997年，全国政协常委、著名美术家韩美林提交了《关于在全国城市建设中实行“公共艺术百分比建设”方案的提议》。

发展到20世纪90年代以后，公共艺术渐渐地脱离了意识形态的禁锢，开始抒发普通百姓的生活及心理，体现在题材上的多元性和空间上的开放性。其中，多元性主要体现在创作题材的内容上不再受以往的限制，更加的全面和丰富，在形式上兼顾写实、抽象、装置等；开放性主要体现在公共艺术表达空间的开放，公共艺术从美术馆、博物馆、展览馆等室内空间走向公园、广场、社区、街道等开放空间。

《2016预测报告之公共艺术：“跨领域”的公共艺术新取向》提出：①城市公共艺术的多元化。在批评家殷双喜看来，当代公共艺术的概念已经发生变化，它不再是一个台子上放一个名人像，现代雕塑中的雕像不再是高高在上的，而是和公众进行平等的对话，形式的改变反映的是社会的变化。②公共艺术教育进一步完善。在批评家孙振华看来，公共艺术教育不是单一学科的教育，不是说学公共艺术的就只进行公共艺术学科的学习，公共艺术教育是如何看待艺术与社会关系的理论思维和实践途径的教育。③多媒体时代公共艺术更加“泛艺术化”。在景育民看来，“跨领域、跨学科、跨媒介”是公共艺术未来发展的趋势：“公共艺术作为当代城市文化形态建构的重要方式，‘跨界’的思维体现在与建筑、音乐、表演等不同领域文化形态的跨界结合。”

总之，早期中国的公共艺术实践，基本与公共权力的使用结合在一起，表现为纪念碑艺术；改革开放以后，以城市雕塑、壁画为主要表现形式的公共艺术进入快速发展期；20世纪90年代，随着现代城市的迅猛发展，全国各大中城市开始重视兴建公园、广场等公共空间，不仅为市民提供了丰富多彩的公共环境，而且为公共艺术提供了载体与空间。随着我国社会经济环境的不断改善，人们对生活环境提出了更多、更高的要求。科技的发展，照相技术、录像技术、多媒体技术等广泛应用，使人们的视觉范围和广度发生了变化，新材料和新工艺的出现也使艺术作品更加具有多样性于新奇感。公共艺术渐渐地不再仅限于单纯的城雕创作，而是更加注重公众的体验、参与及互动，注重多元化和开放化属性，“公共精神”的价值特征逐渐得以凸显。

在国内公共艺术发展期间，理论界也出现了与公共艺术有关问题的讨论。尤其是20世纪90年代以后，随着公共艺术实践的日益增加，在中国各大美院、高校开展了公共艺术教学与研究，例如中国美术学院公共艺术学院、中央美术学院中国公共艺术研究中心等。各种公共艺术理论研讨会的开展，也在一定程度上促成了公共艺术研究氛围的形成。与此同时，国内也先后出现了有关公共艺术理论著述、公共艺术批评、公共艺术研究等理论书籍和相关杂志，例如赵志红的《当代公共艺术研究》、马钦忠的《公共艺术基本理论》、王中的《公共艺术概论》、胡斌的《公共艺术时代》、翁剑青的《公共艺术的观念与取向：当代公共艺术文化及价值研究》、邹文的《美术社会观：当代美术与公共文化》等，《公共艺术》杂志也在2009年由上海书画出版社创刊，公共艺术的学术舞台越来越丰富。

不过，从公共艺术介入城市设计来观察，公共艺术虽然已如火如荼地经历了漫长的发展，然而真正参与到城市设计的项目还是很少的。而对于公共艺术怎样介入城市，大家仍然是众说纷纭，对于将公共艺术规划策划与城市规划共同开展的路径研究，相关理论支撑也为数不多。

纵观身边的城市、街道，看到的并非丰富多彩的世界，而是无一例外的雷同。自从20世纪50年代由美国城市研究专家提出城市设计的概念开始，至今已有60多年的时间了，然而从现实中考量却可以发现，其关注城市规划布局、城市面貌、城镇功能的理想在很多方面都没有实现，特别在关注城市公共空间这方面。

城市公共空间要求创造出不仅可以引起审美愉悦，而且可以激励、体现城市文化的公共环境，还要秉持可持续发展的理念，在这里，公共艺术因其公共性、多元化的特征，成为城市精神的体现者，城市文脉的延续者。公共艺术与城市公共空间密切相关，它为公众提供着近距离接触艺术的机会，体现城市文化和城市公众的生活情态。可以说，公共艺术拥有着城市设计中必不可少的艺术属性。所以，从城市设计的角度重新看待公共艺术的发展，将其纳入城市“大规划”的范围进行统筹考虑成为急不可待的需求。

第三节　城市公共艺术思潮在当代中国的流变

《画刊》杂志于2013年的第10期刊登了孙振华先生在第七届中国美术批评家年会上的与会文章——《雕塑：从1994到2012——关于五人雕塑展》。文中，孙先生以五位雕塑家傅中望、隋建国、张永见、展望、姜杰分别于1994年和2012年在北京和武汉举办的两次引发业界高度关注的雕塑展为线索，深入分析了当代中国雕塑艺术在发展过程中的变革和创新。

若将城雕、装置等艺术形式看成是中国当代城市公共艺术的重要组成部分，那么孙先生在《雕塑：从1994到2012——关于五人雕塑展》一文中对五位艺术家不同时期艺术特征的总结，则为我们分析当代中国公共艺术的发展思潮提供了具体的实践范本。孙先生以关键词的形式，对雕塑家、作品、环境共同组成的当代公共艺术二十年发展的社会语境进行了清晰的概括。总结的两段文字摘录于下：

其一，“严格地说，‘雕塑1994’是五位雕塑家的‘自选集’，它由五个相对独立的部分组成，我们甚至可以认为它是五个相对独立的小展览。这么说，并不意味着否认这些作品的共同性；恰恰相反，这五个人所共同呈现的特点正是他们当时能够在当代雕塑中引领风骚的原因所在。这些共同的特点可归纳为以下关键词：‘个人’‘观念’‘媒介’‘空间’……”

其二，“从1994年到2012年，这段时间内，这几位雕塑家的创作在整体上仍保持了他们的基本特点，从五位艺术家的整体状态看，他们的变化也非常突出，这些变化代表了当代雕塑在这20年里所取得的进展，概括起来可以归纳为以下几个关键词：‘身份’‘互动’‘时间’‘场域’……”

对上述两次描述的关键词变化进行分析，从1994年的“‘个人’‘观念’‘媒介’‘空间’”到2012年的“‘身份’‘互动’‘时间’‘场域’”，从字面上看，变化较大，其所体现的意义绝不仅仅在于文字本身，关键词背后所体现出的当代中国公共艺术的变革、创新及其发展动因才是我们需要深入探究的重点，它体现了当代公共艺术思潮发展过程中的现实情境。

一、中国公共艺术的思想启蒙

“雕塑1994”是中国公共艺术的思想启蒙，正如孙振华先生将“雕塑1994”展览的特征概括为：“个人”“观念”“媒介”“空间”。客观来看，这种总结源于对中国社会刚刚经历的“85美术新潮运动”的反思。实际上，我们也可直接用“85思想运动”来定义“85美术新潮运动”时期。因为该时期对于整个社会来说，不仅美术思潮发生了巨大的改变，其他所有文艺思想、社会观念均随着当时政治、经济、生活的剧烈变革发生了巨大的变化，正是这种社会思潮的剧烈变革，为当代中国公共艺术思想的启蒙开辟了滋生的土壤。

“个人”“观念”“媒介”“空间”这一系列关键词，实际上是对“85美术新潮”时期观念的比对，同时也是对雕塑艺术从“85美术新潮”时期一路走来的反思和追溯，这源自展览中很多作品都陆续诞生于“85美术思潮运动”后的几年之中。

具体地，“个人”一词是相对于“85美术新潮”时期的“集体模式”来说，“雕塑1994”颠覆了“85美术新潮”时期艺术创作的“集体模式”，艺术家开始真正按照自己的想法进行作品的创作，让艺术回归到自身。

"观念"一词的引入，说明作为公共艺术的雕塑在形式及内容上已开始对中国社会的具体问题、文化、现实生活进行呈现和批判。"观念"的表达则是对"85美术新潮"前存在的政治性"宏大叙事性"的挑战。

"媒介"则指的是材料的选择，"雕塑1994"中雕塑家对于雕塑媒介开始有了自觉和理性的认识，更正了"85美术新潮"时期材料至上、媒介单一的问题，转而积极探索新的媒介装置，为传统雕塑艺术以多种物质形式存在提供了可能。

"空间"概念预示着艺术空间开始多样化，为当代雕塑在不同空间的创建打下了夯实的基础。

"雕塑1994"展中所折射的艺术家的内心世界是同时期雕塑艺术界普遍的价值观，这种价值观的形成在某种程度上是由"85美术新潮"中寻找的以"现代化"为目标的视觉社会实践所决定的。从此以后，艺术走向平民化的思想与自由开放的艺术观点开始成为文艺思潮的主流，为后来城市雕塑艺术注入"公共性"奠定了群众根基。不过从当代艺术创作的视角来看，"85美术新潮运动"还是染有浓厚的目的论和决定论色彩，在具体的艺术创作中存在着"群体式""运动式"等问题，也导致了这个阶段早期的雕塑作品基本都是公共形式，而没有属于当代公共艺术的内涵，这种情况直到20世纪90年代后才开始发生变化。

根据当代公共艺术学界如今对公共艺术做出的普遍定义：公共艺术指的是市民社会参与的公共空间中，由公共权力决定的艺术形式，公共艺术创建旨在达到健康、良好的公共美术诉求，应该具有公众性与艺术性双层属性。实际上，真正对中国城市艺术的"公共性"启蒙具有强大促进作用的力量主要来自20世纪60年代以来的欧美社会思潮与各种文艺思潮。第二次世界大战后，呼唤艺术文化的公共性、民众性和社会公益性成了20世纪以来世界各国的重要话题及理想社会的一部分。受大量新艺术理论的影响，欧美许多艺术理论家、批评家、社会学家从市民社会、大众艺术的角度对艺术重新定位。这些艺术思想对20世纪90年代以来中国公共艺术的发展影响巨大，成了当代中国公共艺术滥觞的另一个重要源头，可从以下几位欧美著名史学家、社会学家、艺术家的论断中有所发现。

美国著名城市规划家、社会历史学家刘易斯·芒福德（Lewis Mumford）在其著作《城市发展史》中认为："如果城市所实现的生活不是它自身的一种褒奖，那么为城市的发展形成而付出的全部牺牲都将毫无意义。无论扩大的权力还是有限的物质财富、都不能抵偿哪怕是一天丧失了的美、亲情和欢乐的享受。"美国美术史家格兰特·凯斯特（Grant Kester）指出："公共的现代概念与经商的中产阶级的兴起有关，他们反对

17~18世纪欧洲的专制统治，为争取政治权力而进行斗争。”根据凯斯特在他的《艺术与美国的公共领域》中的观点，认为严格意义上的公共艺术必须具备三个特点：①它是一种在法定艺术机构以外的实际空间中的艺术，即公共艺术必须走出美术馆和博物馆；②它必须与观众相联系，即公共艺术要走进大街小巷、楼房车站，和最广大的人民群众打成一片；③公共赞助艺术创作。英国社会学家安东尼·吉登斯认为：第三条道路的理论主张建立政府与市民社会之间的合作互助关系。培养公民精神，鼓励公民对政治生活的积极参与，发挥民间组织的主动性，使它们承担起更多适合的职能，参与政府的有关决策。

20世纪80年代末，德国著名雕塑艺术家约瑟夫·波伊斯（Joseph Beuys）将“社会雕塑”的概念带入中国。他强调生活中的每个人都在进行艺术活动，生活中的每件物品均为艺术元素，每个人都是改造并雕塑这个社会的艺术家，该观点对中国公共艺术早期的发展影响特别大。以个人生存体验为基础，以雕塑家个人为主体，以个人对世界的观察、理解、表达为出发点的新艺术思潮逐渐形成。不少当代公共雕塑家抛弃了各种约定俗成的制约，真正根据自己的想法去做作品，让艺术回到自身。

除了社会学、文艺学的理论影响，该时期欧美国家艺术界出现的极限主义、欧普主义、波普主义、大地艺术等艺术流派也对20世纪90年代后公共艺术的创作有重大影响。

就“雕塑1994”展来说，雕塑艺术中可以很明显看到欧美文艺思想影响的痕迹，并开始具备了“公共性”的一些特征，传达出一种浓厚的“个人”“观念”以“媒介”形式在公共“空间”中进行表达的符号特征，展览在当时艺术界引发的社会影响意味着当代公共艺术思想观念在中国社会的文艺思潮中开始占有一定地位。

二、“后现代”主义语境中公共艺术思潮的演变

“雕塑1994”展后的十多年里，大量的农民进入城市成为“城市公民”，城市化进程不断加速。新的民族大融合动摇了千百年来地域文化的根基，受到后现代主义观念的影响，逐渐兴起的大众文化、多元文化、消费文化、商业文化等“后现代”文化逐渐成为社会文化的主流，为当代公共艺术的蓬勃发展注入了新的文化生命力。随着社会经济渐渐地活跃、社会市民化程度增加，社会政治制度更为民主，公共权力不断扩大，开始出现了真正意义上的城市公共艺术，并以一种不同于传统雕塑、装置艺术的全新面貌在大众面前出现。

整体来看，“后现代”时代的公共艺术呈现出的特征为无深度、视觉化、类像化、追求视觉快感、体验刺激。“后现代”文化影响下的城市商业空间处处充满着与消费经济有关的公共艺术产品，有的公共艺术以随手可得的日常生活用品作为艺术创作的取材对象，它们快速出现，也快速消亡。

在“后现代”文化的强烈影响之下，当代城市公共艺术在表现形式、表现媒介以及理论视域上都有了显著的新变化，在某些方面甚至完全颠覆了雕塑、装置艺术的传统视角。有的公共艺术在文化、互动、观念、空间、夸张、寓意、时间、场域表达上下足了功夫，例如有的公共艺术作品开始用一种全新的姿态体现商业社会的文化个性及文化身份；还有一些作品开始走入市民空间与公众进行互动，使市民从体验中能够得到一定的满足，还有的作品开始试图传达一种独特的场所精神等。与此同时，多元文化泛滥也导致公共艺术在概念、功能价值等方面的混乱，例如学界产生了什么是当代公共艺术的辩论和公共艺术是为精神而存在还是为娱乐而设计的两大阵营。在这个背景下，2004年，深圳第一届以公共艺术命名的高峰论坛——“公共艺术在中国”在深圳举办，深入讨论有关公共艺术的各种问题。这一次学术研讨涉及面较为宽泛，不管从深度还是广度上来说，都较为完整地体现了后现代主义观念影响下公共艺术理论的研究状态，对公共艺术的理性发展方面发挥了重要作用。

2012年，五位著名雕塑家在湖北美术馆又一次举办了“雕塑2012联展”，成为中国当代公共艺术理性表达的标志性事件。孙振华先生把此次展览的关键词定义为“身份”“互动”“时间”“场域”，不仅是对21世纪10多年来公共艺术发展思潮的一种诠释与定位，而且是对“雕塑1994”展后十多年公共艺术发展的一种新的总结。这里的“身份”是指作品的文化身份，是城市文化、地域文化以及传统文化的集中体现。而“互动”则是指向公众的体验和感受。实际上，“互动”概念在21世纪初的前后几年就已经出现，随着现代科技的发展与公众需求的增长渐渐成了一种迅速推广的主流形势，相比于传统公共艺术形式，有着“互动”特征的公共艺术品更强调公众的体验和身体感受。“时间”则是艺术家创作过程的体现和强调，让时间成为当代雕塑的一个重要维度，使得作品更立体、直观地展示给观众。“场域”在这里作为一种新的理念出现。法国社会学家布迪厄这样认为：场域指的是一定场所内有内含力量的、有生气的、有潜力的相互存在。湖南师范大学已故艺术评论家滕小松教授曾认为：“场域”就是抗“熵化”也就是反“耗散”。“耗散”理论是“85美术思潮”时期的著名理论，是指过多的存在没有达到凝聚的效果，反而构成了信息的流失和消散。“雕塑2012联展”中所存在的“场域”其实指的是艺术品与公众、空间环境三者之间架构成的一种场所气氛，一种认同感。“场域”释放出与其相关的文化气息，并充分展示了本次展览的“公共性”。

很显然，“雕塑2012联展”比“雕塑1994联展”的视角范围更广，并且呈现出一种努力与公众对话的姿态。其实通过对这次展览衍生出的关键词还可以更多，例如“科技涉入”。“科技涉入”指的是当代公共艺术正在积极思考对科技材料的突破，包括数字技术、声音技术等各方面。“科技涉入”公共艺术一方面是当代科技迅猛发展的结果，另一方面也是20世纪60年代以来欧普艺术对当代公共艺术影响的一种延续。“科技”与公共艺术的结合，诞生了很多不能具体定义形式的高科技装置艺术作品，大多数情况下，这些装置其实是雕塑，但是又超越了这个领域。“雕塑2012联展”中傅中望的《天井》，隋建国的《大提速》均属于这种形式。除此之外，“回溯”也是当下公共艺术发展比较显著的特征。“回溯”是指公共艺术在形式和内容上对传统的回归。近些年来，开始盛行国学，“传统”被重新赋予新的定义与期望，有些公共艺术品呈现出一种特有的“中国式语言”，例如姜杰的《皇帝没到过的地方》《游龙》等作品。而关键词“探索”则在当代公共艺术家的创作中普遍存在，隋建国、傅中望的作品均充满了对时间与运动的探索。其实，在新未来主义观念的影响下，具有探索性的新公共艺术形式正成为当下公共艺术家探索的重要方向。在2013年亚洲现代雕塑家协会作品年展上我们看到：不管是张永强的作品《蜻蜓》、曾振伟的《赛龙舟》，还是傅新民的《文明的碎片》，我们都可以十分直观地感受到，艺术家们在继承传统的基础之上，表现出强烈的试图探寻未来雕塑艺术新形式的欲望。

三、未来中国公共艺术思潮发展方向

中共中央于2015年10月出台了《中共中央关于繁荣与发展社会主义文艺的意见》。《意见》重点指出：文艺应坚持以人民为中心的创作导向，其核心就是强调艺术家应该创作具有中国文化特征、反映中国主流价值观、激发正能量、无愧于时代的艺术作品；强调中国精神成为社会主义文艺的灵魂。

若把城市公共艺术的建设置于我国文化事业的大视野来观察，未来中国城市公共艺术建设必然与政治文化、经济文化、民族文化三种文化的关系日益密切，公共艺术在某种程度上将会成为我国文化变迁的“反光镜”。对此，德国柏林自由大学公共艺术教授西本哈尔的观点与之一致，在2013年6月福建漳州举办的“从卡塞尔走来——漳州国际公共艺术展”上，西本哈尔教授直言：“在德国，公共艺术其实是一个城市政治、经济和文化政策的交接点，这一点我相信对中国也有一些启发意义。”[1]

艺术家内心对社会政治、经济、文化的诉求并不少见，例如“85美术新潮”前后城市雕塑的政治表达，“雕塑1994”中的凸显的“个人”“观念”“媒介”“空间”思想，还有“雕塑2012”中传达的“身份”“互动”“时间”“场域”等观点都有所折射。公共艺术在发展过程中不管呈现出什么样的“姿态”，总是与对政治、经济、文化这三个重要维度的集中表达分不开。从这三个维度出发，未来我国公共艺术研究视域也将对现实文化、传统文化和生态文化更加重视。

如果从文化的层面来看，尽管“后现代”主义文化为当代公共艺术注入了多元的文化养分，在很大程度上扩展了当代公共艺术的样式与功能。但是，当我们回过头重新思考这种文化带给我们的影响时，不难发现，“后现代”文化在让城市生活五彩缤纷的同时，却也间接伤害了传统文化，在一定程度上消解了中国传统文化的精神力量。中央美术学院殷双喜教授在“2014AAC艺术中国雕塑年度论坛”上说：“中国城市扩张进入了反思阶段，现在我们要重新思考城市和公共艺术之间的关系。”这个关系指的是城市文化与艺术间的关系，即我们未来的城市公共艺术究竟需要何种文化养料的问题。对此，公共艺术“回归传统”将是大势所趋。传统思想与当代观念在冲突、涤荡中不断融合，避免了多元文化的泛化，自身的定位也日益清晰。这种融合将逐渐形成一种以弘扬传统为核心的新文化艺术观，成为公共艺术养分补给的重要来源。在2013年6月福建漳州举办的“从卡塞尔走来——漳州国际公共艺术展”上，中国美术馆馆长范迪安从大文化角度将城市建设模式总结为“新美学的崛起”。这种“新美学”概念的提出指的就是以传统文化为核心的多元文化交融的新文化资源观。

此外，“关注生态文化”也将作为对城市建设的一种反思而成了城市公共艺术未来重要的发展方向。生态文化概念和中国人千百年来所崇尚的自然、和谐、诗意、宁静的传统哲学观是一致的。在现代城市建设飞快发展、日常生活紧张、激烈的今天，生态文化理念的提出是满足现代城市居民心理需求的重要途径。孙振华教授指出：城市是集经济、社会、环境等复合综合因素构成的生态系统。城市就像人一样，会呼吸吐纳，也会失调生病，所以我们在城市化进程中要整体地改造城市，不可以破坏它的生态平衡。孙先生所指的城市发展与“生态”的保护问题其实指的是城市健康、良性发展与城市公共艺术生态建设的问题。探索城市公共艺术生态建

---

[1] 辛文.新美学的崛起——公共艺术与城市文化建设研讨会综述[J]. 美术观察，2013（8）.

设的重点就是探索公共艺术与社会、经济、自然的生态协调性；探索公共艺术与人文生态、自然生态的对应关系；探索艺术材料资源的可再生和综合利用水平，让自然环境的演进过程得到保护；与此同时，重点在于提升城市居民自觉的生态意识和环境价值观，尊重环境、尊重生命。

公共艺术与城市生态环境的关系的重要性不言而喻，所以从其功能上来说，若使用得当，城市公共艺术将成为“治疗”城市生态问题的“良药”；使用不好，就会使城市生命体中的各种矛盾加剧。

当代城市公共艺术经过20多年的发展已经开始呈现出百花齐放的面貌，其样式和功能都发生了巨大改变。事实表明：城市公共艺术普及度越高，那么就说明市民在某种程度上拥有的公共话语权更高，也在一定程度上映射出城市经济发展规模。未来的公共艺术研究的核心在于社会现实生活，城市公民真实的生存状态，市民的权力诉求以及城市经济发展规模和速度，这也是公共艺术自身属性的内在需求。公共艺术与政治、经济三者之间融合发展，是一种常态现象。从“85美术新潮”前后雕塑的“宏大叙事”到20世纪90年代以来的公共艺术均基本具备这个特征。自20世纪90年代以来的一些公共艺术展中就有了这种迹象。“雕塑1994展”中的部分作品已经有了对现实社会的批判与现实的呈现以及对“微观政治”的思考，孙振华先生将其称为“观念”。1996年，孙振华先生独创了《深圳人的一天》主题群雕作品，以“叙事”的方式体现出具体的生活状态。从1998年深圳当代年度雕塑展、2000年青岛雕塑园展会、杭州国际雕塑展，再到2013年亚洲现代雕塑家协会作品年展、“2014AAC艺术中国雕塑年度艺术家初评”选送的许多作品，均体现了强烈的现实主义痕迹。这种痕迹通常从许多作品中的“微叙事”形式中体现出来，2013年，深圳雕塑院在广场上创作的公共艺术以大量电子垃圾为元素，组合成大型的装置艺术品，用“微叙事”的方式向人们说明大量工业产品对人类经济产生正面效应的同时，也对整个城市的生态和发展构成威胁，对此进行警惕与批判。翁剑青在“2014AAC艺术中国雕塑年度艺术家初评”会上讲道：“当代公共艺术关注的重点之一是具备批判精神的‘微叙事创作’，这是用艺术方式关注现实生活的具体体现。”

要想真正关注现实生活，就要把公共艺术引向两个舞台：一个是关心社会、关心政治、关心公共需求、关心城市经济，这需要从日常生活出发寻找题材；另一个是用批判的态度去批判现实中存在的问题，用积极、正面的导向去创作公共艺术。

不过，从“85美术新潮”以来，存在一个普遍的问题：中国当代城市公共艺术建设基本上都忽略了城市原有的生态文明，一定程度上破坏了生态的平衡。我们回过头来看20年来城市公共艺术的发展，可以十分清晰地看到，科学理性和商业利益给社会带来了物质的丰裕与生活的便捷，而且，我们的城市生态环境破坏却越来越严重。未来，我们要建设人性化、诗意化的城市环境，怎样创作与其适应的城市公共艺术已成为城市化背景下急需解决的问题。

随着公共艺术理论研究的不断深入，当代公共艺术发展视野也得到了拓展，公共艺术的形式和内涵不断得到充实和延伸，在有的发达城市例如深圳、杭州等地，城市公共艺术已经逐渐有回归自然的迹象，例如这些城市近两年来创作的地景艺术、自然艺术等，使得公众在城市的纷繁芜杂中得到心灵的安逸和平和，感受善和美的淳朴，达到理想和诗意的境界，这已经成了当下公共艺术发展中的一个重要方面。在可预见的未来，我国公共艺术应会以一种更为亲切、优雅的姿态，成为新时期展示中国城市生态文化的重要标志。

平民的主要内涵指的是非特权阶层的普通公民，指的也是服务于非政府公务机构以及军队、警察等国家机器的普通市民。而平民化，在这里指的是作为社会生活中人与人交往中的某种价值准则以及对社会权力运用的态度的一种普遍现象或者趋势。可以预见，在当代社会和文化领域，随着法制下的市场经济的发展，民主政治和政治文明的不断强调，多元化的市民社会的渐成与壮大，社会教育和知识传播的普及以及社会成员和团体的自主性和自律性的日益增强等因素的长期作用，我们未来社会的文化艺术的公共领域一定要继续走向价值观念的多元化和关爱普通大众利益与情感的平民化状态。可以说，现代社会和文化建设的平民化将体现着社会的理性和成熟，体现着社会政治制度、利益主体结构以及社会公共事业建设与改造的某种进步。从而使社会的普通劳动者、纳税人的利益需求（如对公共艺术文化决策的参与权力的要求以及对社会公共资源的合法享有权力的要求）得到更为合理的、更多的满足；在全社会物质生活资料有着较高的数量和质量的累积条件下，使社会普通公民在精神生活和审美文化等方面得到更多的享受；公共文化艺术建设的自主和自治权力得到更高层次的完善和维护。也只有如此，以往为少数人（统治者和文化精英）所把持和拥有的艺术文化才可能更好地服务于人数最广大的普通市民阶层。

城市公共艺术的存在是城市社会公众得以审美愉悦、文化继承和交流以及进行公共合作与情感协调的一个重要途径。可以预见的是，其发展变化将与未来社会的整体改革和进步事业相左右。用马克思主义的观点来看，文学艺术就是社会经济基础和政治制度的体现，而且也会反作用于它们。公共领域艺术建设的平民化（不是一般商业意义上的大众化或平庸化）、民主化和福利化正好是未来社会经济和政治运作模式的自然反映。

由于公共艺术内在的特性和公民权利、社会制度以及公共领域的合作和对话机制具有很多密切的关联，所以，未来我国公共艺术的作用与意义将在现在所见的艺术审美、愉悦人心、优化环境以及公民教育等方面之外，更多地体现在对于市民社会文化意志及情感的张扬；对社会公共道义的维护；对公共福利事业的参与和贡献；对培养市民文化和素质的关怀；对公共领域争议问题的反应和监督批评等方面。即未来中国社会的公共艺术在承担市民的娱乐和教育的同时，将更为明显地体现出在法律赋予公民的各种权利的基础上的公众参与和表决权，并成为普通公民和公共社会团体实行自我创造、自我愉悦以及自我学习交流的艺术手段。

我们呼唤公共艺术，并非轻视或者否定个人性质的艺术创作（或私人的小团体性质的艺术实验活动）的重要性及合理性。其实没有个人和私人性质的艺术创造与发展的自由，也就无所谓公共艺术的繁荣和合法性。不管在过去历史上还是在未来社会中，人的个体的品位、教养、礼貌、美的情感、美的品行、艺术才华、文化等一直是人们的一种理想的追求，也是群体社会得以提高的基础。所以，未来公共艺术的创作及其社会活动中，并非要削弱和淡化艺术家个人的艺术价值及创作个性，而是要给予充分的肯定与保护，保障艺术家和公民个人艺术作品的发表和出版权力，使其艺术的见地和主张得到尊重与自由的交流。同时，因为不同时代和文化语境的驱使，在公共艺术作品中也一定需要展现出不同社群的文化共性——自然地体现出它的公共性与典型性。实际上，也只有私人或者个体性质的艺术和反映社会群体文化形貌的公共艺术的并存，才符合社会文化新生因素的不断孕育、交流、论争以及繁荣的客观逻辑。

对于未来社会公共艺术的文化与价值取向进行探讨，就必须要关注当代及未来社会中的人的境遇以及有可能遇到的一些基本问题，这里指的主要是人与（城市）社会、个人或者社群的情感意志和外在权力（包括社会和国家等）形态之间的关系以及人与作为公共资源以及再生之本的自然之间的相互关系。

城市人类是最早摆脱原始部落的社会状态而以城市这个母体为依托逐步走向所谓“超级部落”的。但是，在这个过程中，城市人类却需要不断克服其生物性所决定的局限性，并不断适应着和创造着自己以及同类所共有的现实世界。一直以极大的努力、耐心以及韧性去探索未来的理想之境。在我们的城市社会面临的基本问题中，一些显在的情形就像英国著名的人类行为学家德斯蒙德·莫里斯的描述：城市中“人口越来越稠密，聪明人越来越聪明，技术越来越先进；与此同时，城市生活的压力也越来越大，烦恼也越来越多。在超级部落中，人与人之间的冲突也越来越激烈。由于人口太多，就意味着一些人想排挤掉另一些人，甚至想消灭掉另一些人。个人与个人的关系被群体与群体的关系所取代，因而人际关系变得越来越非个人化，有时甚至到了残酷无情的地步”。这里客观地表现出以城市生存为中心的人类超级部落在物质利益的分配和获取过程中的深刻矛盾以及非人性化一面的窘境。从某种意义来讲，人类现代社会的进步及发展的历史，就是为了寻求合作、安全、效率以及普遍的幸福原则而走向城市和国家形态的现代史，并且已取得了很大的利益及阶段性的成功。但是因为为了维护其秩序、法规、权威和部分人们（不同时期掌握着权力和知识的阶层）的利益，历史上曾经长期出现过分强调以群体、民族及国家为价值中心的绝对权威及其价值理论，却并没有深度地解决好人与社会和人与自然的合理关系。然而现代社会却一度强烈引导与规范着全民的社会生活的方向乃至宏大的价值探索之路。但是，那些在社会内部实行单极化及一律化的理论模式和制度模式却被历史检验为并不是放之四海而皆准的唯一道路，这在进入后现代社会以后便更自然地显现了出来。这也部分地导致了一些传统社会价值及伦理的解体，并且引发了近乎无目的、无中心以及非等级化的社会思潮的突起，致使新的极端化的个人主义、偶然主义的观念开始抬头。从过去强调和信仰整体社会向着逻辑性和目的性的进步和发展，走向强调个体的、零散的多元价值世界。或许这是在特定历史时期一种社会的悖反与曲折的必然表现，其背后固然具有非常复杂的社会政治、经济以及历史原因，值得社会与文化艺术的理想探索者进一步分析。

鲍曼曾经说过：“如果现代社会的中心是国家和国家间的关系，那么后现代社会则由一些流动的和短暂的形式组成，它们都由其自身的活动、语言、利益和观点来界定。现代社会错误地认为自己是在朝普遍性进步，而实际上它只是产生了大量不协调的、自我指引的（局部的、狭隘的）合理性，它们变成了实现普遍合理秩序的主要障碍……共同体和社会的意义发生了地位的改变，它们由保护人们的共同安全变成了一个明显的负担和祸害。为了集体利益而进行合作努力的理想处于最后的衰退中。”而这种趋向表现出“不再有就特定关心事物的公共争论，代之以个人去追求越来越多的权力以确保法律上的补偿。但结果却是一个荒谬的道德冷淡”。这类现象在后现代社会中与“生活的私人化”有着密切的关系，它促使了当代社会结构和价值的解体和重构。艺术历史的发展是曲折变换和错综复杂的。现代主义艺术的产生及其文化内涵，在一定程度上是出于对传统的、古典的艺术中人对神和权力社会以及自然主义（崇尚模仿和再现表象世界）、享乐主义（趋向繁缛的外在装饰和感官愉悦）等屈从性历史的反叛。主张对人（艺术家）的个体自由意志及内在精神世界予以充分的关注和肯定；主张对艺术本体（诸如艺术本身的形式语言、规律及价值等）问题的正视和回归。也就是在主张艺术对传统社会和艺术使命的批判和反思的同时，使得艺术从传统社会中所处的附庸地位和角色中解放出来，成为现代社会文化和哲学思辨的代言者与“晴雨表”。后现代艺术在对现代主义艺术进行悖反时也出现了多元的文化态度，它一方面；对现代主义精英艺术的理想和话语霸权加以否定，走向艺术语言及其价值形态的多元境地；另一方面，后现代艺术的流变中也产生着对于当代和未来人类关切的普遍性问题加以多维度的深切关怀的势头，使过去艺术所关注的对象、主题、形式和价值形态方面具有显著变化。

虽然对于艺术的职责与社会功能的见解具有长久而多样的争议，并且随着人类社会的变化呈现多种发展的可能和侧重点。但是有一点是可以预见的，也就是在未来社会——超越了一般的物质需求及传统意识形态的束缚之际——更多地、自觉地关注人类（公共社会和个人）自身生命精神的基点与价值归宿，关注和引导人与人、人与自然生命的伦理关系和情感修养。从某种意义说，人是思想的创造者和接受者，然而，人总是自己思想和情感的奴隶。由于人是非常依从自己认同的思想和感情并且遵循其逻辑和价值观念去行动的动物；另外，人还是善于不断怀疑、发现、总结以及创造自己的思想和情感的生灵。而艺术正好是人类高层次的情感和智慧凝结的产物，并且对人的认识和情感具有强制或者教条所无法取代的作用，也具有纯粹的知识性和道德性教育所无法达到的培养人的特殊作用。公共艺术在未来的共同社会中将必然要担当起教育和激励社会和公众的特殊文化作用。

人类社会经过几千年的物质和心理实践及付出大量沉重的代价后呼喊出的最强音：“以人为本”（当然，这里不能将它简单地理解为“人类中心论”或短浅的实用主义的功利态度），已成为我们当今与未来社会发展的价值基石，也必然应作为公共艺术信奉的基本文化原则。所以，未来公共艺术发展的总体趋向将体现在两个价值方面。一方面是更关注全体社会发展所可能带来的道德伦理问题以及公共社会的生存境遇的思考（包括人类社会之间和人类与自然界的伦理关系）。另一方面是以多样化的形式或者主题去深度关注作为公共社会一分子的个人的精神情感（此间是指那些带有较为普遍性的个体精神及文化的体验），在公共社会中给予它们以更多的表现和交流的文化空间。由于它们将成为在政治及其他文化形式之外构成社会公共对话的重要方式与某种必要的弥补，成为社会、民族及文化凝聚的一种手段。它们还是将与城市经济利益和区域环境及文化的振兴活动发生着重要的互动关系。当然，这些均为以发展公共艺术的理念、形式和影响予以实现的。总之，随着人文、科技以及经济的长足发展，对于作为实践主体的人（社会公众）的价值地位、生存方式以及生存理想的揭示和交流，一定是未来社会公共艺术存在的重要使命。

第四节　城市公共艺术的价值

从经典文化的弘扬到大众文化的表达，感官刺激到宏大述事，城市公共艺术的功能随着城市生活的变革、新文化的兴起不断发展与演变。城市公共艺术品的创作早已不限于景观雕塑、装饰作品的形式，在具体表现方式上呈现出多样化的趋势，深入到城市生活的方方面面，其功能价值也进一步分层、细化，在不同的城市空间中呈现出不同的功能特点。

从更高的跨文化传播层面看，公共艺术既能加快处于不同文化背景的社会成员之间的人际交往与信息传播活动，也涉及各种文化要素在全球社会中迁移、扩散、变动。甚至对不同群体、文化、国家乃至人类共同体产生影响。跨文化传播主要关联到两个层面的内容：第一，日常生活层面的跨文化传播，主要为来自不同文化背景的社会成员解决日常交往互动中的融合、矛盾、冲突等。第二，人类文化交往层面的跨文化传播，主要指基于文化系统的差异，不同文化之间进行交往与互动的过程与影响以及南跨越文化的传播过程所决定的文化融合、发展与变迁都可以通过城市公共艺术得以实现。

一、城市公共艺术具备的传统功能价值

随着现代城市的发展，城市人口增多，建筑的密集、工作压力等原因，人们越来越需要一个可以缓解精神压力，制造愉悦空间的精神载体，而当代公共艺术作为一种独特的艺术形式，正好在这个历史阶段进入了人们的视野，也决定了其作为人类精神寄托的载体，担负着明确的历史责任和社会使命。

从20世纪末出现的城市群雕演化而来的我国大型城市公共艺术基本都有典型的民俗性、诗性和宏大述事等特点，它们用火热的“激情与灵魂”改变着现代城市“水泥森林”的生硬和冷漠，借助于艺术的造型语言对公共性开放空间进行渲染与烘托，从而提高环境空间的艺术性和观赏性，从而创造出更富吸引力的视觉空间。

在不少公共艺术发展历史较久的国家，公共艺术还被赋予了更多的功能，例如通过其提升经济活力，用公共艺术推动政治和谐，关注弱势群

体，公共艺术促进文化繁荣等。所以，在有的发达国家，政府会通过强制性规定，在城市建设中拿出一定比例的经费用于城市公共艺术设计和建筑，力求通过艺术的手段来使城市公共建设的文化和艺术品格得到提升。

可以说，城市公共艺术的不断发展很大程度使人们在审美情绪发生和发展的过程中，逐渐建立起高雅和谐的心理调节机制，消解了由于城市建筑群密集化，人际关系生疏化而造成的心理压抑。

公共艺术品本身就是文化的一种表现形式。公共艺术作品作为艺术家族中的一员，以审美形式为基础，通过独特的艺术形式去装饰公众的审美世界，感染和影响公众的审美情趣，让公众在感受美的同时还可以主动发现美、认识美、思考美的构成。另外，城市公共艺术作为构建城市文化特色的重要组成部分，能够有效提升现代城市的文明程度，改善城市环境质量，创造具有文化价值的生活环境，成为公共艺术设计之于城市生活的核心价值。从某种意义上说，公共艺术对环境空间进行调节，多与文化背景相对应，与城市文明相联系，具有实地文化特征。

若把城市公共艺术看成公共文化传播的文本媒介，它还有强烈的隐性知识信息传播功能，它通过特殊的传播方式对公共空间中的受众给予某种"潜移默化"的提示和影响。例如在特定的空间环境中，公共艺术会成为一种有着强烈暗示性的向导标记，提供有关信息，担负起辨向定位的责任。在有的公共空间环境中，公共艺术可以激发历史的记忆、触发心灵的共鸣、引发情景的思考，甚至能够预判未来。

公共艺术集中体现着特定的传统社会价值，同时浸透着自然生态环境和特定的文化经验属性。城市公共艺术运用城市标志通过整合或分散的延展图形，针对不同的环境空间和使用功能进行再创造，从而达到城市理念与艺术表现的高度协调，并且一直伴随着人类社会活动的参与性和互动性。城市公共艺术作为承载了城市各种文化语言的载体，还有不少功能，同时也随着其表现媒介的不断变化而处于变化和发展中。

二、新媒介视野中的公共艺术新功能

随着科学技术的迅猛发展，不断有新技术出现，新材料、新媒介也越来越多样化。科技广泛应用在公共艺术创作之中，促使城市公共艺术的发展充满了不确定性和多元性，人们也逐渐发现了其新的功能价值。

上海静安区的Daliah Coffee是一个当代艺术的舞台，每48小时会通过一组新声音及色彩视觉的植入来打破日常的平静。Daliah Coffee中的落地玻璃都会被贴上五颜六色的半透明材料，使室内形成一种人工的隔绝效果。彩色玻璃在中世纪欧洲的大教堂中代表着彼岸的光，它并不是用于从内向外的观看，而是对从外向内的封闭，形成一种与日常空间的隔绝神圣领地。同时配合声音装置，数个喇叭会在某个特定的时段或者随机播放日常的对话，周边的居民甚至是某些隐私都会被再组合。日常的声音秩序被暂时打断、割裂，让参与者对熟悉的空间环境产生陌生化的再审视，并让反思得以展开。

在澳洲水草丰茂的河边，三组金属结构拔地而起，它们拼合为鲷鱼群的模样，鱼鳞随风旋动，映着河中水光、天边云彩，是动画电影中的魔幻一瞥。这就是位于澳大利亚新南威尔士Bennelong公园内的公共艺术装置——“Wallumai风雕塑”。它由市府委托苏珊·米尔恩、格雷格·斯通豪斯带领的公共艺术团队和土著艺术家克里斯·托宾合作设计，依风傍水，将原住民的声音和历史带回这片土地。“Wallumai风雕塑”造型灵动，鱼头光滑，晨曦云天里、夜幕星河下，鲷鱼群似在风中水中缓缓游动。而那鱼身灿灿熠熠的风叶片，周边景致与气象投射其中，仿佛以小见大的菩提沙尘。这片曾经丰饶的土地，个中山水草木都在“Wallumai风雕塑”中变幻流动，就像是历史与曾经在眼前走马灯般的回放。公共艺术用这种奇思妙想讲述着同时也歌颂着土著的文化遗产，而且它不同于单纯的展览，这不仅仅是一场回顾，不只是抽离的重提和再述，而是把这种土著文化直接投射到当下，它们就活在“Wallumai风雕塑”的身上，深埋于这片土地的血脉里，随着鳞片变动着，随着气候转化着。

《发光之树》这个互动装置艺术作品是由著名香港设计公司空间实践（Spatial Practice）创造的，设计团队通过添置一系列巨大的树木造型作品，希望以此吸引公众的目光。作品置于一个关键的行人交汇口，作品本身所具有的综合功能使其成为每天经过此地的人们短暂聚集的场所。装置作品里的树木是动态的，可以上下活动，当褶皱的外表开始活动的时候，其夸张的造型会带给过往的人们惊喜。每棵树的表面材料还增加了作品的动态效果，条纹的颜色和内部的反射，都会引起人们的注意。

新科技型公共艺术经虚拟媒介的运用给公众带来新颖且神秘的感受，使欣赏者产生刺激和愉悦，它可以短暂消解城市人的紧张和压力，激活了功能创造的无限可能。科技的涉入和观念的发展对公共艺术创作提出了新的要求，城市公共艺术创作已不再只是一种技术层面的考虑，更是一种观念上的变革，它要求创作者放弃那种纯粹在外观上标新立异的习惯，而把创作变革的重心放在功能的创新、材料与工艺的创新、环境亲和性的创新上，用一种更负责的态度和意识去创造出新的公共艺术形态，使其具有新颖性。

观点创新和技术创新引领了当代公共艺术的新发展，为公共艺术的当代身份找到了新的定义。这种当代性在公众的精神领域里找到了契合，恰恰是这种契合，也使得具有新观念的公共艺术具备了全新的功能价值。

三、新城市下的公共艺术价值

（一）新城市下的公共艺术作品

城市作为公共艺术的物质存在空间，城市规划思想及理论会直接影响到公共艺术的发展和改变。20世纪30年代的《雅典宪章》提出了城市功能分区和“以人为本”的思想。不过其功能分区并未认识到城市居民的人与人之间的关系，而是将建筑物作为城市中的一个相对孤立的存在，没有认识到人类活动是要求流动的、连续的空间的。20世纪70年代的《马丘比丘宪章》则着重阐述了人与人之间的相互关系对于城市及城市规划的重要性。20世纪90年代初，就郊区无序蔓延带来的城市问题而形成了一个新的城市规划和设计理论——新城市主义（New Urbanism）。它提倡创造并重建丰富多样的、紧凑的、适于步行的、混合使用的社区，重新整合建筑环境，形成完善的都市、城镇、乡村以及邻里单元。其核心思想为注重区域规划，注重从区域整体的高度看待与解决问题；尊重历史与自然，强调规划设计与自然、人文、历史环境之间的和谐性；以人为中心，注重建成环境的宜人性和对人类社会生活的支持性。

由这些城市规划理论的研究可知，在区域层面所注重的为整个社会的经济活力、社会公平以及环境健康等问题，而在城镇层面则渐渐地注重邻里街坊的功能多样化、强调步行空间的营造、空间使用的紧凑型原则等问题；在街区、街道等微观层面的规划及设计，则是城市规划中非常具有挑战的一个环节。例如怎样做到紧凑的同时又不拥挤；怎样创设出使人愿意在其中散步的环境；怎样吸引人们不再宅在家里而是走进公共生活；怎样让人们乐于接受一个多元化的社区，这个社区可能包含不同阶层、不同种族和不同年龄的人等。该层面的工作是城市整体环境中十分重要的细节部分，因为它们涉及居民平常的生活品质及城市给人们的影响乃至城市安全等问题。公共艺术作品是城市设计的方式和手段之一，可以引发人们对于城市公共空间的关注，符合新城市发展所提出的各种要求，对增强人与人、人与环境的交流和沟通具有积极的意义。与此同时，公共艺术作为城市文化的一个重要载体，有着传承城市历史文化和激发城市个性和美丽的作用，形成具有特色的城市文化公共活动空间，在保护城市文脉的前提之下，有效提升城市整体文化建设。

如今，现代城市建设中公共艺术作品本身的艺术性很强，其规划与设计的基础即为城市的历史与文化、城市的性格与特征、城市的精神与风土人情等要素，体现城市居民艺术品位及城市精神，它具备浓重的城市历史及文化底蕴，体现着城市的特色和魅力。城市的街道、广场以及绿地空间给公共艺术提供了十分广阔的空间。

（二）城市公共艺术可推动现代景观建设的整体形态

城市公共艺术通过各种方式推动并影响着现代景观建设，对于完善和丰富城市的整体形象有着不可忽视的作用。其中有以雕塑或公共艺术为主题的公园和各种城市公共艺术活动、计划及项目等，置于城市的各个角落，例如荒地、海滩、垃圾堆场、废旧工业区、公园绿地、城市的大街小巷、海岸沙滩等，使人们在日常生活中随处可见这些公共艺术作品。

有很多世界著名的雕塑公园是在损害的自然环境中或废弃的土地上建立起来的，这些雕塑公园是为了满足城市景观改造的需求而特别设立的。比如日本札幌的莫埃来沼（Moerenuma）公园（图1-4-1）是一座建设在垃圾堆填区上的雕塑公园，把整个公园设计成“雕塑”体现出世界知名雕塑家野口勇（Isamu Noguchi，1904—1988）独特的设计思想，公园里的《玻璃金字塔》（图1-4-2）、直径48米的《海之喷泉》（图1-4-3）、大型雕塑《音乐贝壳》（图1-4-4）等，使其成为札幌的新地标，而这里的一切美好都是建立在脚下270万吨垃圾的基础上的。再如位于美国华盛顿州西雅图的奥林匹克雕塑公园，是由一个室外雕塑博物馆和海滩组成的。那里本是联合石油公司的燃料储存地，并因此成为土壤严重污染的地区，西雅图艺术博物馆建立改变了这个地区土地的用途，修建一座雕塑公园，使其成为市中心唯一的绿色空间，并以远处的奥林匹克山命名。随后人们在这里清除污染的泥土和污水，回填新土，种植树木，明显改善了这里的生态环境，而且，由西雅图美术馆向全世界知名艺术家征集雕塑作品，用于公园的环境建设。

图1-4-1　莫埃来沼公园

图1-4-2　《玻璃金字塔》（野口勇）

图1-4-3　《海之喷泉》（野口勇）

图1-4-4　《音乐贝壳》（野口勇）

德国鲁尔工业园区在20世纪70年代以后越来越衰败。后来通过对传统工业大规模的改造及重点关注环境保护，还有服务业和新兴产业代替工业，才使其渐渐地获得生机。这样巨大的变化源于德国国际建筑博览会的重新振兴计划中所提出的“公园中就业”的概念，通过科技和艺术的巧妙结合，巧妙利用原有工业废墟和遗迹加以改造和创新，将旧工厂的高墙转变为攀岩训练场，巨大的工业熔炉和冲压机械置于地面成为现代雕塑，把高大的烟囱重新喷涂后成为高耸入云的纪念碑，而这一切都把这个工业废墟转化成工业历史及生态教育的基地。区别于其他一般的公园的地方是，它把雕塑作品及公共艺术作品作为人文元素进行使用，进而提升公园环境质量，促进人群积聚，实现了艺术资源的共享和景观环境的改造，使得公共艺术作品发挥出了其应有的价值。

公共艺术作品放置在自然环境中，看起来如同大自然与人类共同打造的美景，基本上所有西方国家雕塑公园的自然环境都十分优美。例如，麦克里兰雕塑公园（McClelland Sculpture Park）位于澳大利亚的一个花草丛生的旅游风景区里，公园中陈列着70余件雕塑作品以及各种样式灌木和乔木，公园每年都会接待成千上万的游客。图1-4-5所示为位于澳大利亚西部科茨洛海滩的由杰妮芙·凯瑟琳（Jeenifer Cochrane）设计的一件公共艺术作品，同样体现了人造之物与自然共生的理念。

图1-4-5　《迂回》（*Roundabout*）

公共艺术活动能够推动城市整体形象的推广。美国纽约州罗切斯特市的“长椅游行”公共艺术活动从2009年10月正式启动一直展示到2010年9月，作为一个公共艺术项目，这些艺术长椅的赞助商达100余家，这使得每件作品都创意十足，独具特色。罗切斯特通过近200多张艺术长椅向市民展示了一座城市的创意。

公共艺术计划的推行能够增强一座城市的形象。在美国亚利桑那州有一个500多万人口的城市斯科茨代尔（Scottsdale），它是一个风景秀丽以旅游业为主要产业的城市。该市从1985年开始推行公共艺术计划，将雕塑和公共艺术作品置于公园、路边、图书馆、建筑以及其他环境中。这个计划旨在增强斯科茨代尔市独特的标识、图像以及角色形象，吸引更多的居民和游客去观赏城市公共艺术以及艺术收藏，把该市打造成全美最为理想的一个城市社区。

另外，公共艺术项目还能够促进城市历史文化传承。爱尔兰有一项名为HEART（Heritage，Environment Art. and Runal Tourism，遗产保护、环境艺术、乡村旅游）的跨边境、共同经营管理的艺术活动项目，它是由当地12个村镇协助并共同开展的重要历史遗产保护及环境改造活动。在该项目当中，公共艺术是这个活动的一个核心部分，参加活动的人中有很多享有国际声誉及多次获奖的艺术家，他们通过研究当地历史遗迹创作出形式符合环境要求和强烈感染力的作品，从而对当地的历史文化传承做出一定的贡献，如图1-4-6所示为凯西·库珀（Casey Cooper）在2013年斯科茨代尔一年一度临时艺术展上的作品《浮动的三角形》，这一年艺术展的主题为“春分”。

图1-4-6　《浮动的三角形》（*Floating Triangles*）

（三）公共艺术能够刺激城市与人类精神发展的思想探索

所谓城市精神，指的是一个城市从表面到内在彰显出的地域性群体精神，是一个城市的形象及文化特色的鲜明体现。从外在来看，城市精神表现为一种风貌、印象、气氛；从内在看，城市精神则更多表现为一种市民精神，是这个城市市民所拥有的气质及禀赋的体现，也展现了一种群体的价值共识、信仰操守、审美追求。由此可以看出，城市精神是一种潜在的社会发展催化剂及推动力量，对城市可持续发展具有十分重要的作用。

城市公共艺术是城市理想和精神的一种物化形式，体现着一座城市及其居民的生活历史及文化信仰，而且还通过视觉审美的形式彰显着城市精神，凸显出城市个性。优秀的城市公共艺术作品可以很好地折射出该城市文化、环境以及人们的心理，可以完美地展现出这座城市的城市文化。例如美国自由女神像不仅是美利坚民族的象征，同时也是一种城市精神的体现，带给人们的除了视觉的震撼以外，还使人感受到一座城市及人民向往自由和民主的精神力量。世界闻名的丹麦“美人鱼”铜像，位于哥本哈根市中心东北部的长堤公园（Langelinie），已经成为丹麦的象征，这座铜像是由丹麦雕塑家爱德华·埃里克森（Edvard Eriksen）根据安徒生童话《海的女儿》塑造的（图1–4–7）。

图1–4–7 《美人鱼》

我国也有一组群雕《深圳人的一天》深受当地人们的欢迎和认可（图1–4–8），它记录了深圳街头18个各个社会阶层的市民真实的生活状态。铜像背景为4块黑色镜面花岗岩浮雕，上面还记录了创作当天深圳城市生活的各种数据，有国内外要闻、天气预报、股市行情以及农副产品价格等，就像是将市民平凡生活的短暂片刻凝固为永恒的历史。这种公共艺术作品有着亲切、逼真的特点，广受普通市民的喜爱。公共艺术早已不是高台上毫无生机和情感的雕塑，而是真正走进了人们的世界，这样的作品能够成为许多深圳普通市民探讨的话题，使人们可以从中找到与自己的工作、地位相同的人物形象，反映着一种公共精神。还有很多公共艺术作品同样具有精神标识意义。这就如同语言的表达形式可以体现人类各民族精神的多样性，而对于相同的经验、不同的民族又会存在不同的角度去表达。相较于平时所用的语言，我们可以将城市公共艺术作品看作是一种全球通用的语言表达方式，在不同的国家、不同的城市、不同的民族、不同的年龄、不同的社会背景间人类交流的工具，对人类在精神交流方面发挥着重要的作用。

图1-4-8　《深圳人的一天》

（四）当代公共艺术使城市与新型市民形成良性互动

近些年来，我国城市化发展速度飞快，随着城市人口的增加，新市民渐渐地超过城市原住居民成为城市发展的主力军。城市里有来自不同的地域、不同的文化背景、不同的知识水平、不同的职业领域以及不同的生活境遇的人，这些都使城市社会服务的管理面临新的挑战。若想实现城市可持续发展及进一步顺利地推进城镇化，除了需要新市民能够充分融入城市生活方式及适应城市原有的文化和城市特质以外，还要建立起城市与市民的良性互动。除了在物质上满足人类的需求以外，城市在很大程度上影响着人们的生活方式。而当代公共艺术则是城市与市民进行良好交流和互动的有效载体。

城市公共艺术可以引发人们更加关注公共空间，增加沟通和交流的契机。城市公共艺术并非以艺术家个人的创作为目的，它需要同时考虑到城市环境及人群，因而在这点上它与设计更为接近，为了在一个空间里将各种社会关系平衡好，它更像人与人、人与环境交互作用的一种媒介。如今生活中充斥着手机、计算机以及各种虚拟网络社交平台，我们与人面对面交流的机会和时间很少，更多的是通过手机及计算机等电子产品进行交流。城市公共艺术作品的出现和存在使我们走到公共空间中近距离地观察它、欣赏它，还会与身边的人分享对于艺术品的评论和建议。人们与艺术品之间的交流及互动也成为公共艺术公共性的一个体现。比如美国华盛顿州柯克兰市（Kirkland）的公共艺术步道，主要由青铜雕塑作品组成，位于市中心街道和湖滨大道和公园等公共区域，是由柯克兰市的文化理事会倡导修建的。在这里漫步，名家之作随处可见，其中很多作品是由市民和市区商业组织出资购买的，沿途欣赏艺术家们各具特色的作品的时候，也能够感受到他们想要向受众传递的思想。

城市公共艺术可以提升人的全面素质、促进个性发展和社会责任意识。2010伦敦艺术大象游街（Elephant Parade London 2010）获得伦敦年度文化关注活动的奖项，此奖项是由英国当地的民众评选出来的，参选的均为这一年度最为成功的企业及基金会代表。作为伦敦有记录以来最大的户外艺术展览，258件以亚洲象为主题的雕塑作品在伦敦艺术象游街展出，活动的口号是“艺术象游街的‘大象’不会被广大的人民群众所忽视!”旨在保护亚洲象和它们赖以生存的环境（图1–4–9）。其设计理念是要从多方面吸引公众的想象力，多以可爱的、趣味十足的形态呈现在人们眼前，它们通过城市公共艺术这种友好的、易接近的媒介进行传播，使得人们更关注这个濒临灭绝的种族，并自觉为此做出一些贡献。艺术与商业的结合为赞助者和企业提供了一个充满创意、使人印象深刻的交流平台，为提升企业的品牌价值提供了十分有利的条件，同时也为动物保护开创了一个新的途径。它不仅让当地群众近距离接触公共艺术，也是一场让公众更多关注与保护亚洲象的艺术运动，其独特的乐趣和创意的结合，使公共艺术渐渐地承担起更多的社会责任。

图1–4–9　伦敦艺术大象游街活动中的大象雕塑

有的艺术家在公共艺术作品中融入自己对社会的责任观念。例如德裔美籍艺术家汉斯·哈克（Hans Haacke）在1970年创作的海滩污染纪念碑，是用西班牙海滩收集来的废弃物搭建成的一座小丘，通过这部作品来反映海滩污染带来的环境污染问题（图1–4–10）。作品用纪念碑的理念，反映出环境危机从根源上讲就是人类自身造成的破坏，从而使人们深刻认识到"我们只有一个地球"。英国著名园林设计师伊恩·麦克哈格（Ian Lennox McHarg，1920—2001）曾经指出21世纪最为伟大的艺术创作主题即为"修愈受伤的地球"，提出要对被破坏的地球给予修复和补偿，合理利用或者重复使用资源，标识出公共艺术从塑造城市环境到修复生态环境的革命化进程（图1–4–11）。

图1–4–10　《海滩污染纪念碑》

图1–4–11　汉斯·哈克（Hans Haacke）的马骨架雕塑

城市公共艺术作品可以赋予事物及空间以新的意义，不仅为人们的生活增添了很大的乐趣，而且还引导了一种十分健康的生活方式。例如墨西哥城市政部门为使市民便于出行及游憩，在改革大道两侧设立了很多新颖又别致的座椅（图1-4-12）。这些造型不同的座椅不仅使城市街道的实用性和美观性有所增加，而且展现出了街道在连接和沟通作用以外，也具有供人停留、休息以及欣赏的功能，引导人们放慢脚步，轻松地体验健康休闲的生活方式。

图1-4-12　墨西哥城街道上的公共长椅

野口勇的抽象公共艺术作品《红色立方体》位于美国海上保险公司门前，就像是一颗在转动中突然被“定格”的大骰子，姿态独特且奇妙，一角着地的立方体给人一种不安全的危险感，反映了色彩在巨大且灰暗冷漠的建筑物之间改变环境气氛的功能。不过，野口勇也将该作品称为《我的龙安寺》，可以看出作者的确是以一种隐匿的方式将东方文化融入了西方人的生活环境中，他在作品中运用了东方园林景观造境手法，其中蕴含着禅意精神（图1-4-13）。

图1-4-13　《红色立方体》

四、基于生态意识的公共艺术价值思考

如今，生态问题日益严重，全球范围均呼吁关注生态问题，并积极地讨论生态问题解决的方法，当各个领域都在关注节能减排、保护环境、合理利用资源时，基于生态意识的公共艺术的出现是十分及时的，不仅顺应了这个时代的生态潮流，与此同时，又以自身独有的特性参与建构整体的生态和谐。下面将具体进一步阐述基于生态意识的公共艺术所具有的多元价值。

（一）贴近低碳社会的生态主题

公共艺术由“公共”和“艺术”两个不同领域的词汇组成，有了“公共”这一前缀，也决定了公共艺术与一般意义上的艺术是不同的，它不仅仅具有艺术本体的内涵，同时还富有社会性的价值，面向公众发言，为公众思考，涉及公共社会的事务和核心话题。公共艺术是联系艺术家、公众以及社会之间的一条精神纽带，正如有学者所说的，“公共艺术不是一种艺术形式，也不是一种统一的流派、风格；它是使存在于公共空间的艺术能够在当代文化的意义上与社会公众发生关系的一种思想方式，是体现公共空间民主、开放、交流、共享的一种精神和态度。”

在关注和探讨社会问题时，公共艺术也把社会中的一些精神及观念通过可见的物质化形式呈现给公众，在一个开放的公共场域中引发公众的关注、参与以及交流，公共艺术也因此被看作一种容纳自由交流、互动参与的精神化空间，这种多元复合的艺术形态，同时也成为一个多学科、多专业交融的舞台。与其他的艺术形态相比，公共艺术更加贴近公众的生活，公众与艺术的关系也更密切。在公共艺术的互动场域中，公众不再是一个被动的参观者，而是一个主动的参与者。

经过了丹麦哥本哈根气候变化大会以后，低碳就成为一个热门词，而且随着当代社会各类生态问题的凸显而越来越被世人所关注。越来越多的人认识到了全球气候变暖及其带来的危害，例如南极冰盖融化、气温升高、极端天气频现、海平面上升等，正威胁着人类生存的家园，而这一切正源自人类自身长期以来对自然一味索取的态度及方式。“先污染，后治理”的传统工业化模式让人类付出了巨大的生态环境代价。从19世纪60年代以来，工业化的加速及森林面积的缩小使大气中二氧化碳的含量增加了万分之一，大气中污染物的种类与浓度不断增加，汽车尾气、工业废气中大量的二氧化碳，是全球气候变暖的主要因素。西方工业革命之后的200多年不仅是科技迅猛发展的时代，同时也是人与自然矛盾不断激化的时期，资源过度消耗、水土流失、环境污染、气候异常、地质灾害频发，人类社会与自然环境的对抗和冲突增多。面临着自然界的各种报复，人们开始反思，怎样保护环境和修复生态。

如今，建立一个人与自然和谐共生的家园、建设低碳社会成了国际社会具有高度认同感的共同吁求。欧盟各国率先计划大力发展低碳技术，美国转战新能源领域以降低碳排放，中国也计划“在2020年单位GDP碳排放比2005年下降40%～45%”。在这个语境下，低碳社会、低碳经济、低碳生活等词汇渐渐地进入人们的视野。根据英国和日本联合研究项目《通向2050年的低碳社会路线图》中对低碳社会（Low carbon society）的理解，低碳社会指采取与可持续发展原则相容的行动，满足社会中一切团体的发展需要；表现出高水平的能源效率，使用低碳能源与生产技术；采取与低水平温室气体排放相一致的消费模式及行为。低碳社会要求低耗能，要求在利用自然资源的过程中做到尽可能有效利用，并且不断开发新能源，与此同时，尽量控制人类活动对自然产生的负干扰，可理解为一个碳排放量低、生态系统平衡、人类的行为方式更为环保、人与自然和谐相处的社会。

近些年来，随着城市化进程的不断加速，人类对自然的负干扰越来越严重，各类生态问题频繁出现，使得生态问题成为目前社会不容忽视的问题。生态环境的品质涉及人类社会的发展和未来之路，若没有健康有序、人与自然和谐共生的生态环境，城市就会失去可持续发展的根基。近些年来，人们提出了一种可持续的城市化概念（Sustainable Urbanization）。可持续的城市化亦即在城市化过程中，探寻一种最佳的生态系统和土地利用的空间构型，实现经济、社会、资源、环境的协调发展，达到经济效益、社会效益及生态效益的最大化。可持续的城市化或城市可持续发展不仅要满足当代城市发展的需求，更要满足未来城市的发展需求，怎样为未来城市的发展提供一种持久有序的发展空间及可能性，这为诸多领域提出了新课题。

越来越多的人认识到，社会的发展将人类推进到生态文明建设的时代，倡导低碳社会和城市可持续发展，建设生态文明，成为人们的共识。全球范围内对于低碳和可持续发展的吁求也在客观上要求包括公共艺术在内的设计活动也需要以低碳的方式，在作品的设计、建造以及维护等一系列过程中，提高能效，减少能耗，降低碳排放，在有效地利用自然资源的同时，又要可以维持与保护自然本身的生态过程，从而达到人、自然与城市的和谐共生和发展。不仅如此，公共艺术的内涵与社会内容之间也可以说是密切相关。环境污染、气候变暖以及物种灭绝等生态问题也正是在这样的契机下介入公共艺术中，凭借一种艺术的方式引发了人们的极度关心。

艺术家、设计师们也渐渐地意识到了公共艺术只有在与整体环境的协调中，才可以展示出自身特有的艺术魅力和社会性价值，这种环境不仅包括自然环境，也包括人文环境与社会环境，需要从社会共同价值观中寻求公共艺术创作的根源。与此同时，关注公众精神及公众需求，对钢筋水泥所构筑的冷漠空间做人性化的改良，让人工环境具有一些更加自然的本性，满足人们希望与自然交融的愿望，甚至介入场地生态修复的过程。关注、反映、解决生态问题是与社会的主题相适的，是从公共艺术的角度为生态问题寻求解决方法，使生态问题获得多元的解决方案和多重的支持。当设计者超越狭隘的个体需求而转向更广泛的公共社会的需求，也使其自身更多赋予了公共关怀意识，成为公共知识分子。对一些具有公共意识的设计者而言，在公共艺术中思考甚至探讨解决生态问题，并通过公众与作品的互动而引发其对生态问题的警醒与关注，这是体现其社会价值的重要方式。而涉及与公众生活密切相关的生态问题的作品，也更加易于引起公众的共鸣，并且激发情感互动与参与。由此，一件公共艺术作品就不仅仅是作品本身，还包含众多参与者和活动的一系列的社会互动过程。

公共艺术的社会性可以被看作后现代时期艺术对社会的回归。现代主义艺术持有一种精英主义的叙事方式，现代主义作品常常晦涩难解、曲折隐蔽，对于个体性的极端强调使其自身与社会之间脱节。而公共艺术诞生的20世纪中期，艺术与社会的关系得到了很大程度的改善，艺术不再具有高高在上的现代主义时期所强调的精英主义的特权，它更多地走进了公众的日常生活，并且渐渐地对社会问题给予关注和积极思考，注重艺术对社会的作用及对社会的关怀，如对生态、人性等问题的普遍关注从某种程度上来说是艺术在经历现代主义的极端个人化后向社会的回归。公共艺术正是从关注和探讨当代社会的各类问题中体现出其社会性价值。

（二）警示生态问题和探讨解决方法

不管是自然科学研究还是社会科学研究，总是与“问题意识”分不开。提出问题，带着这个问题来研究，并从自身角度寻求解决之道，这样的研究更加具有针对性及价值。面对频繁出现的生态问题，人们开始反思过去不计后果的行为，在经历了人与自然关系的重新审视和反思以后，又开始寻求人类活动与自然之间的整体和谐关系，试着减少对自然的破坏与干预，并意识到人类隶属整个生态系统，而非独立其外的，将人类及其活动纳入整体的生态系统中。

基于生态意识的公共艺术中，设计者对生态问题的警示与反思，在作品设置过程中采用的生态理念及手法，均带有一种明确的问题针对性。通过丰富多元的艺术形态及直观形象、隐喻象征的手法，使得生态问题展示在公众面前，给人触动和警醒之感，在一个公共的平台上，引发关注、讨论以及交流，进而让人们自觉、主动地采取低碳环保的生活方式，也引起了更多研究者的关注和研究，这些均为由问题意识的植入而产生的一系列作用。

从20世纪60年代起，公共艺术从最初的艺术作品介入公共空间这个概念，渐渐地走向更大范围的与景观建设和城市设计之间不断融合、渗透的局面，成了一种富含社会内容的艺术形态，甚至有时还被看成以艺术形态存在的公共理念。它由单纯的艺术本体的概念，走向关注包括各种生态问题在内的社会热点问题，更加关注艺术理念、艺术行为或者过程对社会，或对城市有什么积极的作用，是否可以满足城市中人的各类需求，是否对人的行为与心理产生良性的影响，这种问题意识越来越多地被植入公共艺术中。再加上公共艺术自身的多重特点，使其在当代社会更多被赋予了生态关怀的使命。

在这些基于生态意识的公共艺术当中，有很大部分是警示生态问题的作品（如丹麦哥本哈根世界气候大会期间于会场外设置的《北极熊》冰雕）（图1-4-14）及解决生态问题的作品（如德国鲁尔工业区工业废弃地之上兴建的北杜伊斯堡景观公园）。其中，《北极熊》冰雕这部作品配合大会的主题，通过直观、形象的方式诠释全球气候变暖的危害。当冰雕融化的时候，渐露出的深色钢铁骨架，给人一种触目惊心之感，它用意显然，通过夸张的手法、直观的形象和象征的语义，就是为了引发人们对全球气候变暖问题的广泛关注，用直观的形象警示人们，全球气候变暖的危害正像作品所示，如果不从现在开始采取行动将最终导致北极熊的灭绝，进而对人类自身产生不可逆转的危害。这件作品也可以说是一次配合生态主题会议进行的艺术、生态结合的公共活动，其所起到的警示作用及生态教育效果是十分明显的。而北杜伊斯堡景观公园，并不是建造一个全新的公园，而是探讨怎样激活一块受污染的废弃土地，将其转变成富有魅力的、生态的新型城市空间。设计者首先在景观改造中对场地进行生态修复，生态和谐的自然环境是一个优质景观的首要基础。而所采取的理念与手法也遵循一种生态性，尽量利用场地中各类废弃材料与构筑物，转变其功能、赋予其艺术化形象。从诸如此类的做法中，我们能够感受到其中所具有的明确的问题针对性以及设计者们从多个角度寻求生态问题的解决方法的尝试。

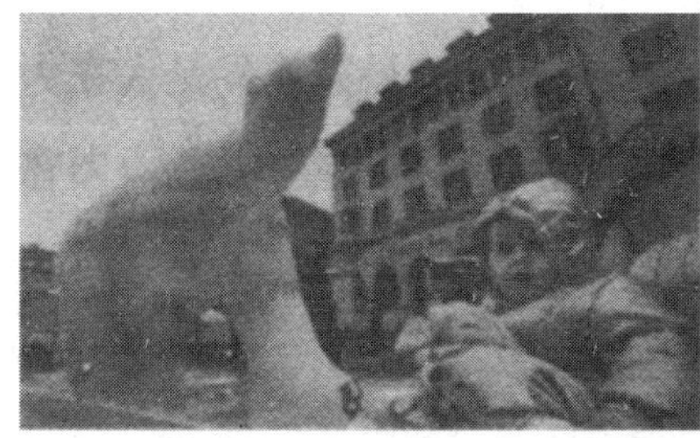

图1-4-14 丹麦哥本哈根《北极熊》冰雕

不同于过去的公共艺术的是，目前公共艺术面临的更多的场地不是被人类生产生活破坏了的地段，就是污染严重的工业废弃地，在这种情境之下，公共艺术的介入更像是在治疗城市的伤疤，用艺术的方式修复受损的城市肌理，促进不良循环地段的再生和复兴，是在一种问题意识的指引下进行的有针对性的创作与研究。所以，其作用不仅仅是创造一件艺术作品本身，更在于对城市的发展具有积极作用，这是公共艺术与生态联姻之后最大的价值。

（三）营造生态的居所

诗人荷尔德林曾说过：“人，诗意地栖居在大地上。”这一句反映了对美好生活形态的向往和憧憬的名言，被无数人引用并且被赋予了深远的意境。德国哲学家海德格尔则认为：人与自然相处的最高境界是人在大地上“诗意地栖居”。诗意地栖居通常与艺术和自然的介入分不开，也就是说在生活中同时拥有艺术化的生活空间和生态和谐的生存环境。基于生态意识的公共艺术所秉承的对自然的尊崇和观照、对自然材料的利用、营造生态与和谐的环境等理念均有利于人们实现诗意栖居的理想。

自古以来，居住就是人类的一个最基本的生存需求，《雅典宪章》中所描绘的理想居所为：位于良好区位、通风良好的建筑物，不受寒风侵袭，视野良好，可远眺优美的风景、湖泊、大海、高山等，而且也具有充分的隔热保暖设备。这种定义反映了人类的生存本能是亲近自然、趋利避害。中国传统文化中也十分注重居所与自然和艺术的关系，“采菊东篱下，悠然见南山”“雕梁画栋、青砖黛瓦、匾额楹联、屏风隔断、织帐竹帘、虚灵典雅”，都体现了古人对居住环境的经营与布置和对自然的向往和渴望。人类理想的居所需要稳定、平衡、和谐的生态环境，这和人与自然之间的和谐共处相生相伴。从对历史上很多人类聚居地的观察来分析，其中都蕴含着与自然之间和谐共生的居住理念。不管是宫殿、庙宇、庄园，还是普通的民居，远到古代各国不同民族，近至当代各国各类地区，都可以看到在人类对自然环境不断的适应过程中所营造出的丰富居住形态，这些传统的居住形态基本都体现了人与自然环境的交相呼应和融入共生，反映了人对自然环境的适应与对自然资源的利用，展示出一种早期朴素的生态观。例如中国现存最古老的木塔，也是世界最高木构建筑的山西应县佛宫寺木塔，其深挑的屋檐有利于遮阳避雨，而突出的设计“檐下窗”及“檐上窗”，如同一个空调设施，吸进室外冷空气，同时排出室内热空气，从而在夏季达到避暑效果。而中国传统的园林设计中，也总是借树木、山石等的布局把自然中的高山大川浓缩进一个小的景园中，以小寓大、借景抒情，通过自然元素的布置与营造，使人在景园中仿佛在真实的山水中漫游。

人作为社会的主体，其需求满足与否涉及社会的公共性程度和城市生活的品质。在物质文明飞速发展的当今时代，人们满足了基本的生存需求以后，对身边公共环境特别是居住环境的质量给予了越来越多的关注，提出的要求也越来越高。公众希望拥有优质的生活环境，不仅赋有外在形式上的美感，同时也具有文化内涵，可以在生活中处处遇到美，感受美，也体验文化，感受文化。而生活环境中的艺术作品或者艺术活动一般是公众获得审美体验的首选，公共艺术由于与公众生活关系密切而自觉承担着这样的使命。优质的生活环境同时也与优质的生态环境分不开，窗含绿意、空气清新、水质洁净，这构成了如今人们的理想居住环境。

人们来到城市，在由钢筋水泥构筑的城市森林中生存，远离了最初的栖居地——自然，但是内心对于自然的向往、对于艺术的追求却越来越强烈，我们的生存环境能否成为承载梦想的家园，成为一个让人们“诗意栖居”的性灵居所？艺术是否可以介入这样一种家园感和场所感的营造？这样的追问以及对诸多例证的观照，让我们意识到，公共艺术的介入不仅作为一种单纯的艺术形式来美化公众的生活环境，更是可以通过对生态环境的改善，促进人、自然、城市的和谐共生，来实现其包括生态价值在内的多元价值。公共艺术的介入还可提供交流的空间和公众参与的契机，形成一种融合艺术感悟、审美化生存和自由交流的空间。

海德格尔在《荷尔德林诗的阐释》中曾对“家园”作过这样的阐释：“‘家园’意指这样一个空间，它赋予人一个处所，人唯在其中才能有‘在家’之感，因而才能在其命运的本己要素中存在。这一空间乃由完好无损的大地所赠予。大地为民众设置了他们的历史空间，大地朗照着‘家园’。”在过去一百多年来，我们生存的家园遭受的破坏超过以往。西方工业时代的城市发展是以生态环境的破坏作为了代价，机器大生产使人性异化，造成了人与自然之间关系的紧张，城市建设飞速发展，讲究的是效率，要求尽量多地满足居住的功能。“建筑是居住的机器”这个理念比较贴切地体现了现代主义时期城市建设和发展情况。

如今，城市的建设与设计者们渐渐地意识到与自然和谐共生对于人的生存和延续非常重要，再次思考人与生俱来的诗意栖居的需求，努力为公众营造优质的人居环境。包括在城市及社区建设中利用与彰显原有的自然特质，如依循特有的地理条件、植被等的特质而进行景观设计。与此同时，大量恢复受损的土地，并将其转换为新型城市公园，例如针对沿河岸工业废弃地进行改造和再利用，使人们得以拥有更多的亲水空间，满足亲水的本性，并且可以在遍布着原生植物的新型城市公园中亲近自然与感受荒野的意趣。除此之外，注重建造从居住区花园，到街心公园，再到大型城市公园的多层级公园体系，在城市中再造自然，将被城市建筑、街道等占据的部分领地交还给自然。从一组数据中我们能够看到近些年来中国各大城市绿化率的提升比较明显。2010年，北京绿化率达到44.4%，上海的绿化率达到40%左右，比10年前提升了近10个百分点。当我们的人居环境从20世纪80年代的“人居忧其居”到90年代的“人居有其居”，再到21世纪的“人居优其居”，其中最重要的衡量要素即为生态和谐的环境，其间体现了随着人类社会的发展，经济与科技的突飞猛进、城市化的加速以及社会结构的变革等因素不断改变着人们的生活方式与观念。新时期，人们对于人居环境的需求与自我意识渐渐地提高，对于生存质量的要求不断提升。目前，诗意栖居可以说是人们普遍的理想。

一个健康有序、生态和谐、艺术化的环境，成为人们可以诗意栖居的条件，这也是当代社会公民权利的重要内容。这种社会现实呼唤着公共艺术更多参与到营造生态的居所中，这不仅成为公共艺术的目的，也成为其价值标准。可以说，基于生态意识的公共艺术，正是从艺术、生态、城市的和谐共生角度营造着可供人们诗意栖居的生态居所。

（四）互动参与的交流形式有利于观念的认可

互动参与既包括身体力行的参与，也包括情感的参与。公共艺术互动参与的特性和多媒体的呈现方式，为身体力行的参与及情感的参与都提供了很大的可能性。

公共艺术存在的本质总是需要他人的“在场”，并与其进行积极的互动，这也是公共艺术在当代社会存在的证明。正如汉娜·阿伦特在《文化的危机》这本著作中所指出的：“我们身边的事物通过某种形式才能呈现自身，而艺术的唯一目的就是使这形式呈现出来。这就是为什么这些艺术作品和公众的言语、行为等公共产品相同，都需要某些公共空间来呈现并被看到。这两者都是公共世界的重要现象，除非它们能够在公众共享的世界中出现，否则它们就不算完全发挥它们存在的本质。”而包括生态问题在内的各种社会内容可以凭借艺术的形式直观地呈现出来，并且可以被公众看到和以言语、行动参与对其的探讨中。公共艺术在很多时候就被看作一个容纳公众互动参与的过程，容纳公众参与作品的讨论甚至创作中，一些多媒体互动装置作品即纳入了公众互动的过程与结果，将其转化为作品的一部分，这皆为公共艺术的一种存在的证明。

参与其中，情感的交流也更容易唤起，而艺术与生俱来的直观、形象、感性化的形式本身有助于公众的情感参与。在这个过程中，观念的传达和接受变得顺理成章、自然而然。被联合国环境署高官誉为“环保艺术大师”的中国艺术家袁熙坤就曾经指出：“通过艺术来传播环保文化，更具有社会亲和力，更具直观性，更易进入人们的心灵。”在寻求生态问题解决方法的过程中，人们意识到，艺术可能就是改变人们思维方式，使人类从生态危机中得以解救的重要力量。

当今时代，生态问题备受人们的关注，艺术也需要更多基于一种社会责任和道德伦理方面的考虑，真正为人类生活带来有利的影响，从艺术角度来调和人、自然、城市之间的关系。美国哲学家马尔库塞在《审美之维》中认为：“艺术比哲学、宗教更贴近真实的人性与理想的生活，艺术通过让物化了的世界讲话、唱歌甚至跳舞，来同物化做斗争。”唯有艺术才有可能“在增长人类幸福潜能的原则下，重建人类社会和自然界。”与其他事物相比，艺术可以更加忠实地呈现世界万物，人们可以通过艺术把握世界万物的本质，并且可以与作品产生情感交流和互动，这有利于艺术中所蕴含观念的传达与接受。与技术的手段相比，艺术的手段更加形象、直观，并可以采多元学科之长。可以说，艺术是人与社会、自然、城市产生的影像互动与心灵对话，包含多元的语意及丰富的表现形式，以艺术的直观形象直指公众内心，将枯燥的理念、说教转换成形象的表述，而正是这种特性，使其更可以吸引公众的关注和参与，与公众形成丰富的情感互动，在公众内心激起共鸣、情感体验和思考。

有的本身非艺术的领域，在表达生态的主题的时候，也会采用艺术的形式。例如各类展会中频频采用的数字化公共艺术形式。借助于各类多媒体互动装置，人们可以通过与作品进行的身体互动以及由感性化形式所营造的情感互动，感受与理解作品的内涵。上海世博会中各类场馆中最引人注意的内容之一就是多媒体互动装置，这可看作公共艺术的一种数字化形式，或者说是一种数字化公共艺术。而其所展示的内容，有很大一部分是与生态主题密切相关的，因上海世博会“城市，让生活更美好”的主题就包含着可持续发展、节能、环保等生态理念，各类场馆的设计与展示内容很大程度上就是围绕这个理念而展开的。除了建筑形态、语意内涵、材料等方面与其的关联以外，展馆内的各类数字化公共艺术也更多成了生态理念的载体，寓教于乐的形式、互动式操作，都利于人们接受生态的理念。

（五）公共艺术和城市可持续发展的新方位

公共艺术在介入生态的过程中对城市的积极作用和不断开辟的新的可能，不仅为公共艺术自身发展创造了一种新方向，也为城市可持续发展提供了新方位，借助于公共艺术的方式，有利于城市的可持续发展。

可持续发展是1980年由自然保护国际联盟（IUCN）提出的一个概念。1987年，世界环境和发展委员会出版了《我们共同的未来》报告，提出可持续发展是“满足当代人需要又不损害后代人需要的发展”。在这个生态问题频繁出现的年代，人类与自然间的物质和能量循环常常出现失衡状态，可持续发展的概念不断被人提及而且越来越受到关注，这个概念还出现跨学科的倾向，基于生态意识的公共艺术中便融入了对可持续发展的讨论，呈现出一种新的研究视角和方位。

针对公共艺术自身发展的方向来说，在当下艺术介入社会的潮流中，艺术家、设计师们纷纷以对社会的关怀为己任，而当代社会问题中最突出的生态问题自然进入他们的视野。随着全球自然资源的日渐枯竭、物种的大量灭绝以及人类生存环境品质的降低，在公共艺术领域，越来越多的艺术家、设计师也认识到了应该以公共艺术参与城市生态问题的讨论和生态环境的改善中。

与一般意义上的公共艺术相比，基于生态意识的公共艺术是为了通过公共艺术的介入实现人与自然、城市之间和谐共生的关系。正如有学者就生态设计所指出的：重视对自然生态的维护与协调，以科技进步为依托，利用科技成果树立环保的、健康的、文化的理念，在设计中尽量多地利用自然元素与天然材质创造自然、质朴的生活环境，通过综合治理的城市建设将人口集中的城市建设成为一个有机的、统一的生态系统，给人类以生存和生活质量的保障。基于生态意识的公共艺术同样也寄希望于通过作品探讨如何改善人类生活环境，或对已遭到人类破坏的生存环境有所补偿。在保证人们良好生活品质的前提下，设计科学合理的空间环境，促进生态系统的良性循环与资源的合理配置，减少对物质与能量的消耗，达到人和自然、城市的和谐共生。

生态理念是人与自然协调发展的理念，它在公共艺术设计的全过程中都存在。在这个过程中，艺术家、设计师们也渐渐地认识到过去建立在不节制的开发与利用自然资源以及耗能耗材，甚至破坏自然生态基础上的大规模景观建设是一种短视的行为。这除了会破坏生态的平衡、耗费大量的能源资源以外，还会直接影响人类的未来生存和发展。公共艺术如果要获得持续发展的动力，需要更多与城市同呼吸共命运，重视公共社会普遍关注的事物和公众精神的变迁，真正扎根于社会，顺应时代的潮流，这不仅是符合其本性的，同时也是可以更好立足于当下并不断拓展空间的方式，也是其未来发展方向。

针对城市的可持续发展来说，可持续发展的城市离不开诗意自然的环境、人们对自然的尊重和关怀、节能环保生活方式的讨论、可循环材料的使用、对生态环境的维护和改善等，而这些方面，均可以凭借基于生态意识的公共艺术的介入来不断进行实践，就此来说，其可以说是开辟了城市可持续发展的新方位。我们可通过一个例子来分析公共艺术介入城市可持续发展的讨论。

1874年，在旧金山市建了一座旧金山铸币厂（San Francisco Mint），这是一座历史建筑，同时也是重要的城市地标。近些年来，经纽约某一设计事务所的改造以后，这座于1995年停用的老铸币厂焕发新生，实现了功能置换和形象重塑，变成一座新的城市博物馆和游客中心。其间的很多设计手法融入了对城市可持续发展的讨论，这座博物馆也成了最为“生态”的一个博物馆。该设计事务所的设计团队应用仿生学的原理，利用自然作为指导自适应改造设计的范本。设计者将其设计成一个可持续发展的模型，并且把原有建筑的一些特征作为一种优势进行利用。例如，原有的厚石灰岩墙体被保留下来，为场地提供保温的功效。而可控制的窗户可以提供自然的通风，从而减少了对空调等高耗能设备的依赖。设计者还在充满历史感的庭院上方增加了一个全透明的玻璃顶棚，顶棚可以保护石灰岩墙壁，与此同时，也在其下部创建了一个整年可利用的自然采光的公共空间。这一顶棚同时也是通风系统的重要因素，使热空气穿越顶棚上升，同时通过张开的窗户和周围的画廊吸入外部的空气，从而形成空气的循环。玻璃顶棚同时还可以将日光引入室内，有效地节约了电能。建筑的自然通风及采光，与周围环境的沟通等，使得建筑内外部空间形成一个小气候循环。此外，玻璃顶棚的边缘还能收集雨水，供给一个阶梯状屋顶花园的灌溉系统。这座花园同时也是一处公共空间，是一种对城市结构的优化与场所生态恢复的当代介入。屋顶花园成为一个新的活动空间，作为连接原建筑阁楼与新的绿色空间的一座“桥梁”。对一些老建筑的景观改造来说，适应性再利用是营造可持续景观的最好的一种方式。这件作品也以自身的讨论，建构着城市可持续发展的范本。

总的来说，生态、环保、低碳等核心词涉及社会发展的方位，一个城市乃至国家，只有把自身的建设更多基于为生态环境考虑，为将来考虑，才有可能会获得可持续发展的动力。公共艺术如果要获得持续发展的动力，就需要与城市、社会共呼吸，在公共艺术不断地关注和讨论城市生态问题的同时也被纳入了城市可持续发展的建构中。城市的可持续发展离不开人、自然、城市和谐共生的环境，与低碳的生活方式是离不开的，而在这些方面，公共艺术是大有作为的。所以，对生态的关注，采用生态的理念和手法，不仅有利于公共艺术自身对当代社会的深度介入和在当代社会的可持续发展，与此同时，也以对城市生态方面的积极作用有利于城市的可持续发展。

与其他门类相比，基于生态意识的公共艺术所具有的价值是多元的，它贴近低碳社会的生态主题，这使其把握了当代社会的脉搏，所以易受关注并引发共鸣。与此同时，它具有问题针对性，直指当代各类生态问题，以或直观形象或者隐喻象征的手法警示人们生态危机的临近，而一些景观类作品更是在生态修复等方面对自然生态起到有益的补偿和改善作用。公共艺术是与公众日常生活最为接近的一种艺术形式，公共艺术与生态理念的结合，使越来越多的生活和居住环境的营造以生态性为指向，满足人们亲近自然及诗意栖居的需求。而以艺术的方式介入生态问题，使理论的宣传转变为感性化的形式，从而有利于生态观念的传达与接受。数字化公共艺术所呈现的新特点和新形式，不仅具有特别强的吸引力、互动参与性以及表达力，也因与多媒体技术的更多联姻而具有动态多变的形象与即时的互动性，容纳公众身体力行的参与及情感的交流。除此之外，基于生态意识的公共艺术因对城市生态问题的介入和探讨与城市共命运，不仅有关公共艺术自身发展的方向，也提供了城市可持续发展的新方位。

五、城市公共艺术功能价值的再思考

公共艺术功能创新作为一种理念，需要我们不断地在实践过程中去深化与调整。这与公共艺术的公共性认知有关，所谓公共性其实是来自于不同群体之间的一种利益的平衡。在一个城市的公共空间里面，之所以它呈现出公共性，就在于它始终有包容性，什么人都可以来。但是存在一个问题，就是不同的人会有不同的诉求。公共艺术由一些艺术文化社群进行创作，这些社群汇集了拥有权利、金钱和知识的群体，他们有着共同的目标，分享共同对艺术的价值判断。而公共艺术涉及的空间通常在都市街道、公园或是各类公共设施用地，这些地方的使用者通常是另一个社群，他们可能对艺术毫无所知。所以说，怎样挖掘公共艺术中的“公共”二字以及如何检验不同社群间沟通的有效性，将成为城市公共艺术实现功能价值的永恒目标。

实际上，不管是传统公共艺术带来的精神和文化体验，还是新媒介视域下所呈现出的碎片化体验或者感官体验，其功能价值的体现均为艺术家、艺术品及公众三方之间思维转换和话语沟通的结果。

哈贝马斯认为公共领域的本质应该是由公众和听众构成的空间，公众可以在一定程度上平等对话，关心彼此交换的内容。对于公共艺术来说，这是狭义中的理解，对“公共”二字的广义理解还在于对公共艺术所涉及的公民权利的理解以及更大范围内的公共对话与公共沟通。沟通的重点是要围绕公共艺术各方是否可以及时、有效地掌握信息、发布信息、接受信息，这是进行交流和沟通的基础。公共艺术家扮演着掌握和信息发布主体的角色，对政府权力和投资方的信息，艺术家要接纳并且通过公共艺术作品来传递。同时，他们还要重视生活在公共空间中民众的意见信息，并反映这些信息。有学者认为：艺术家在某种意义上可以说是公共意志的执行者，在很大程度上，艺术家创作公共艺术是在作“命题作文”，但是这个过程绝非消极被动的，实际上是积极主动的。而公众作为公共艺术作品信息的被动接受者，要想实现信息的有效沟通，就需要达成心理需求契合、对新知识信息进行再创造，从这点来看，实现公共艺术沟通的有效性在于建立及时、有效的对话体系，也就是说政府、艺术家、公众以及艺术作品之间构建一张能够平等对话的网络，这才是公共艺术实现“公共”价值的最终体现。

第二章　公共艺术与城市文化

本章将从以下四个方面对公共艺术与城市文化的关系进行探讨，分别为公共艺术及其文化精神、公共艺术的城市背景、公共艺术与城市形态、公共艺术的城市职责。

第一节　公共艺术及其文化精神

公共艺术是艺术与整体社会的纽带，是社会公共领域文化艺术的开放性平台，它不仅仅是艺术本身，而是展现着、蕴含着与其密切相关的社会政治思想和人文精神。公共艺术也是当代政府、公众社会以及艺术家群体间进行合作、对话的重要领域。可以说，它不仅是一种外在的、可视的艺术运作及存在方式（或由某些相应机制及实施过程所促就的艺术现象），其在整体上也是一种蕴含丰富社会精神内涵的文化形态。

现代城市公共艺术起源于20世纪30年代初的美国。当时处在经济萧条时期的美国在富兰克林·D.罗斯福总统所实行的新政的支持下，为了促进本国文化艺术的福利建设和援助艺术家的职业生活而发起了一项委托画家作画的巨大的公共赞助方案，也就是发起了一场艺术为城市社区与市民大众服务的普遍运动，在短短几年内就完成了2500多幅壁画，使当时美国城市及公共场所的文化氛围和艺术品位都得到了很大的提升。政府方面还成立了国家艺术基金会（National Endowment for the Arts）来资助及倡导全国公共艺术的推广。在美国20世纪60年代公共场所的壁画创作又一次兴起了一场空前意义上真正的公共艺术运动，这种以街头艺术为手段的艺术的一个主要目的，是提高城市民众的文化生活品质与环境品质。它使街道为城市居民集体动手参与，创造一个更加丰富多彩和富有人文气息的环境提供了机会。例如在洛杉矶、芝加哥、纽约、旧金山、巴尔的摩等很多城市的公共壁画艺术就是那个时期的重要证明。

20世纪60年代末到90年代末，美国30多个州的政府相继用立法的方式来促进公共艺术的建设，也就是说，明确公共工程建设经费的若干百分比作为艺术建设基金（Percent for Art Program）。通过地方政府的立法、资助和民间社会的多样参与，促成了公共艺术发展的基础与基本方向。其中最为显著的特征即为注重社会公众参与下的艺术及社会审美文化的普及，有效地改善和提高了公共生活环境的文化品质。使得艺术建设成了社区文化、城市形象以及公众福利事业建设的重要构成。

现代公共艺术还起源于20世纪20年代的墨西哥壁画运动。其最初的公共壁画艺术杰作是由三位著名的墨西哥艺术家创作的，他们是迪埃戈·里韦拉（1886—1957）、何塞·克莱门特·奥罗斯科（1883—1949）、大卫阿尔法罗·西凯罗斯（1896—1974）。他们为了追求与展现宏大的史诗般永恒、并具有丰富的人性、面向社会大众的公共艺术形式，绘制了不少大型的壁画，集中展示了墨西哥历史上和1910年民族和社会革命中的重大事件。墨西哥壁画运动在当时国家政府的大力支持以及艺术家和社会的协作下，在城市公共建筑上采用多种形式的壁画艺术去体现本民族历史及广泛的社会文化主题，由此来弘扬民族精神，并体现强烈的政治观念意识（正因为这样而长期在西方艺术理论界遭到冷遇及淡化），从而掀起了一场艺术与社会文化、公共环境和政治生活密切相关的艺术运动，并且在相当时期对美国和拉美国家以及全世界的文化艺术都产生了历史性的影响。这些均在客观上和不同的社会背景中构成了现代公共艺术的发端及其深刻的文化语意。

一、公共艺术文化理念的核心内容

公共艺术是公共领域的文化形态的产生，是出于在一多元化的公众社会共同授权委托（如通过民主选举政府和其他专门的公共权力机构）和协作的方式下，表述“共生”的民主社会的多样性文化见解的需求，也就是出于应由全体公民共同享有的社会权力与艺术资源的分配、利用和管理等方面——共同决策和协作的需要，使得艺术成为社会公众共同参与、共同享有的一个现实过程。

世界历史上，基本任何实施封建和独裁专制统治的时代，占据主流地位的艺术，往往代表和标示其宫廷和官方政治意志及审美规范的产物。动用国家资产兴建重大的建筑和艺术工程及城市基础建设项目的时候，均由君王、少数贵族统治阶层以及教皇和教会统治集体来决定。西方世界从罗马帝国、中世纪直至18世纪末的艺术历史都非常强烈地体现了这种艺术和文化在独裁强权下的私有性及特权性。它的延展与消退经历了漫长的历史过程。就像艺术史所描述的：“上几个世纪以来，现代西方世界几乎每件瞩目的事物——工业化生产、官僚化政府机构、将科学引入哲学的新观念，整个思想舆论的风气——到18世纪期间都和旧的社会秩序、旧的规范交织在一起。这是普遍信奉‘神授王权’的最后阶段……维护旧规范的昏庸专制暴君们——著名的普鲁士腓特烈大帝（1740—1786）、奥地利的约瑟夫二世（1780—1790），在某种程度上还有法国的路易十六（1774—1793）——和他们精明能干的代理人们一道，与增进物质进步、推行公正、宽容及人道主义展开了斗争……无视教士及城市自治体。”它们将自己看成能够凌驾于普通社会（包括部分旧有贵族）之上的“救世主”和“英雄”，支配和享有着大量的社会公共资源，并认为理所当然。典型的情形如在17世纪下半叶的法国，由君主强权推行着艺术的目的及理念，也就是“那里的视觉艺术要有制约、按等级秩序，有条理并为专制统治歌功颂德。从来没有一种艺术风格像以路易十四（1643—1715）名字命名的风格那样直接表达一个君主的政治野心与功绩。那样清楚的刻有他观念上特有的标记”。如在法国卢浮宫和凡尔赛宫的扩建和修建过程中，“即使是并不显眼的装饰细节也必须得到国王的亲自认可——绝大部分直接或象征性地暗示着他自己”。力图使凡尔赛宫璀璨的艺术形象成为“路易十四作为欧洲最伟大的统治者的关键性证明”。

当代公共艺术及其文化理念的核心问题，在于将属于公共领域的艺术和文化事务交给市民大众及其代表来共同商议、决策以及批评。将市民大众共同拥有的文化及艺术权力和相关的共有资源还给社会公众；并且通过艺术这种表达方式及满足公共生活需求的——社会化、公开化的艺术的创造（包括供审美或兼有实用效能的艺术设计成果），为社会公众服务。使得当代社会的主体——不同职业及经济地位的利益群体——所构成公民大众的生活环境和生活品质（包括精神生活）得到提升以及社会文化福利的共享。所以，公共艺术在一定的范畴和意义上来讲，其总体的文化目的及社会意义，不可能与艺术精英和艺术专业机构的学术性、经典性的探究完全等同，也与某些前卫艺术家仅强调艺术的形式语言及观念上无限翻新的宗旨有区别。而更多的是顺应公众社会的发展和生活形态的客观需求，体现和创造不同历史时期社会公众的生活理想和审美文化的多元丰富的样式。

二、公共艺术的文化精神

公共艺术是相对于私人领域或者私人性质的艺术而存在的艺术形态。其对诸如“美”的品格特性，或者对评价艺术价值和效果所启用的“适切性”的判断尺度，均区别于属于私人领域（或属少数人范畴的）艺术形态。

古代被今人叫作“艺术”的那些“有意味的形式”、符号，多是服务于敬神和为原始宗教的礼仪及其信仰的传播的，其型制及内涵的决定和解释权力是掌握在极少数掌握了文字或者法术的“巫师”或者“神的代言人”手中。在严格的等级（阶级）社会中，用于宣教、布道、教化、修饰、装饰或炫耀的艺术，其形式和内涵的决策及享有，也集中于少数受过专门教育并且拥有权力的皇室、贵族、教主以及祭师等特权阶层人士的手中。在西方近代工业革命前后，所谓高雅艺术的真正享有者就是占社会少数的有产、有闲、有知识的阶层。在19世纪末和第二次世界大战前的一段时期，在欧美发达国家中虽然具有平民化倾向、面向普通社会的文化艺术趋于勃兴，但是代表其经典或者主流文化的艺术则还是主要限于其专业的博物馆艺术及学院式的艺术，还有艺术家的沙龙艺术和画廊艺术。一如具有现实的生活化、平民化色彩的法国印象主义绘画艺术在其社会中的传播到普遍的认同，就经历了复杂而且曲折的过程。

20世纪上半叶，中国除了和市民的经济及文化生活（如在20世纪30年代前后的上海、广东、江浙等地区）有密切联系的有限的文化形式（如乡土戏剧、民间年画、民间歌舞、漫画、民间文学插图、商业广告画、民间庙会以及节庆表演或早期的大众电影等）以外，传统中经典的、显赫的艺术收藏、艺术教育以及艺术创作活动（如在书画、金石、陶瓷、古董、建筑、戏曲、园林及工艺精品等方面）则主要限于有机会接受教育的贵族世系和有传承关系的知识家族、文人、官宦、商贾以及僧侣阶层，而对于普通的民众及体力劳动者而言，它们通常是“象牙塔”里的事，是可望而不可即的雅事、难事。不管是从社会地位、文化教育的层次还是从经济条件来看，普通大众对于“经典的”“高雅的”以及有社会身份象征意义的艺术的享有或参与，都是很难企及的。中国在20世纪中叶到80年代，虽然艺术的流行及其教育在相当的程度和范围上，比过去有了显著的变化，这主要表现为艺术的世俗化、大众化；比过去更强调艺术和社会现实之间的关联；注重艺术服务于工农大众等，并与文化知识的普及活动结合在一起，但是，因为在这期间过分地将艺术的创作和教育作为政治宣传和“阶级斗争”的附属和工具，将艺术的本体特性以及作为美育社会、善化人性、愉悦人生的作用给弱化和抹杀了，也就是用政治文化的极端实用主义及功利态度去对待艺术。艺术在公共领域的介入和被借用，在根本上并未代表广大民众的真正的意愿与利益（它不允许有任何来自社会的不同的见解与主张的提出）；未能使艺术活动真正成为公共领域进行自由交流、自我教育以及自我完善的途径。所以，未能使艺术真正发挥其造福社会、陶冶民众文化情操的社会作用。（体现在当时的艺术语言上，也就是呈现出表现形式的单一化、创作手法的公式化、艺术内涵的教条化和艺术观念的僵化现象。对于该时期艺术的得失问题，在这里不作展开的评述，只是特别指出权力政治给公共领域的艺术造成的必然境遇及不良结果。）

公共艺术的文化和社会精神，以充分尊重及维护社会个体的文化认知、文化体验以及文化权力为前提，使结合到社会公共领域中的每一位社会个体有尽量参与及监督社会公共文化领域（也就是对于所有公民开放的有关社会文化的价值与符合共同利益的道德精神和审美观念的评议和交流的领域）的实践，并使整体社会的成员（包括不同类型的社群）更加合理而有效地运用与发挥自身文化权益和艺术创造的才智。就自愿结合起来的社会共同体的本质特征而言，18世纪启蒙运动的杰出人物卢梭在其《社会契约论》中曾说："我们每个人都以其自身及其全部的力量共同置于公意的最高指导之下，并且，我们在共同体中接纳每一个成员作为全体之不可分割的一部分……而共同体就以这同一个行为获得了它的统一性、它的公共的大我、它的生命和它的意志。"这里虽是从政治学和社会学的角度来阐释的，不过，公共艺术所应体现的文化精神与社会理想，与这种源于共同利益和意志的结合而又遵从社会个体的意愿和自由的理念（或准则）具有根本的一致性。从某种意义上说，当代公共艺术正好是在当代社会物质基础与社会理性上产生的一种公共文化实践与文化理想。其实施和推广，并非少数人的权力的使然与赐予，而是公民（国家及社会"主权权威的参与者"）在法制条件下的公共领域的艺术交流、艺术创造以及社会多元文化之间的对话和体现。

可以说，公共艺术的这种文化理想，就是要让所有社会成员在"公意"和"公心"的引导之下，在共同协作与广泛参与的过程中，聚集和利用好公共社会的物质与文化资源来造福于公共社会的全体成员。通过公共艺术的方式与途径使社会个体与社会整体间，在道德判断、审美体验、文化批评以及社会公共福利等领域产生积极的互动效应，开辟以艺术方式为载体的公共舆论空间与渠道。

通过艺术的形式和公共精神的导入，为市民大众开辟和营造出更多的具有亲和力的、可识别的、可感知的、可认同的、舒适方便的公共空间。使市民大众拥有更好的公共交往、休闲以及艺术欣赏的场所，使之在充斥着压力、紧张且喧嚣的现代城市生活环境中，得到身心愉悦和文化修养。

三、公共艺术文化精神的凸显

（一）平民化的文化倾向

出于历史与现实的客观情形，目前，公共艺术在中国的使命还不是创作出大量精英水平的作品，而在相当一段时期内的“普及”及逐步“提高”还会是公共艺术建设的双重任务。很明显，所谓精英艺术是经受过专门性的文化教育和美学理论研究的产物。其特征为对艺术的表现形式、文化精神及其哲学内涵进行精深的剖析和追求；对现有的审美文化形态、相关的社会价值及其等级秩序常呈现出批判及怀疑的态度；对艺术自身形态的改革与创新负有强烈的历史使命感，而且善于自觉维护与坚持艺术本体意义上的自律性、独立性以及学术性。但是，当我们走向了所谓的“消费时代”，文化艺术在当代社会交换和消费（即对它们的拥有和鉴赏）过于频繁多样中普遍呈现出多元化和大众化的倾向，基本上已经成为一种不可阻挡的趋势。与此同时，在艺术的精英阶层中也纷纷发起了要求艺术必须为普通大众所享有——具有忧民济世的文化抱负活动。在许久以来我们的美术馆、画廊以及大量的“群众艺术馆”“文化宫”也曾经为此做过一定的努力。但是就精英艺术怎样介入到艺术的普及（大众的审美文化教育）之中，抑或在此过程中精英艺术的原有身位和价值将处于何等境地等问题也让人困惑不解。

是否由于精英艺术对公共艺术领域的介入，就会使得精英艺术流于自我的蜕变或消亡。因为不断有人认为，如若向大众的品位和理解力靠拢，便会使精英艺术变得通俗化、平民化乃至庸俗化，使得精英艺术在文化哲学上原有的深刻性、思想性以及在艺术语言和技法上的精深程度大为消减或消失。然而，我们却认为，当代由美术学院和专业博物馆、美术馆体系以及少数独立的职业艺术家群体所承载的精英艺术对公共艺术——趋于向全体社会开放与共享的艺术领域的介入，未必就意味着否定了精英艺术的独特价值或者迫使其以降低艺术品位及艺术个性为代价，全然简单地、平庸地迎合大众的一般性趣味。实际上，精英艺术可以在坚持其艺术的原创性、启蒙性以及警示性等基本原则特性的基础上，参与到为社会大众服务的公共艺术建设领域中来。精英艺术在公共艺术园地逐步多元化的情形中，可以一方面在艺术语言的探索与艺术文化的启蒙和开拓中明确自身的文化理念以及时代抱负；另一方面也可以通过必要的融合与变通（但不是走向平庸化和庸俗化的道路）而首先在中产阶层（这指的是拥有较为殷实和稳定的经济状态并且受过良好教育的社会阶层）的艺术欣赏（消费）以及审美教育中起到引领和服务的积极作用，进而对更大的社会范畴起到自身的影响作用。

因为公共艺术的传播对象是在文化教育、经济地位以及审美观念处于不同层次的社会大众，并力图使其比学院艺术和博物馆艺术更为具有兼容性与社会的参与性，精英艺术也应在艺术“普及”与“提高”的社会实践中做出适时的应对策略。从特定的意义上说，“走进消费时代，精英艺术当然不可能去世避俗，创作即生产，欣赏或拥有艺术即消费，重要的是，在艺术普及化的过程中，不能依赖“刺激-消费”的推广模式，也不能期望。消费导向的创作策略会达成精英品位普及化的文化效果”。我们认为，精英艺术在参与公共艺术的建设的时候，其艺术品位的高下和自身价值的体现，并不是取决于是否在艺术表现手法上采取了非常通俗化的举措（尽管有些时候在形式语言上一定程度的通俗化也是必要的，但不是目的及准则），而在于精英艺术家的创作是否真正对于整体社会的进步及社会公共精神具有深刻的理解和责任感（公共艺术中毕竟还是需要一些可以引发大众社会“深思”与“自省”的作品），是否在对于社会大众的启蒙教育中同时起到了对艺术文化之公共领域的参与—对话—启迪—服务—共勉的作用与效果。为此，精英艺术有必要恰如其分地发挥它在当今公共艺术领域多元并存的文化格局中的社会作用，也就是需要考虑在为“小众”服务之外怎样能为“大众”服务，并为大众所理解和接纳。

当代公共艺术总体上的平民化倾向，一方面是取决于社会的基本结构；另一方面取决于时代的发展需要。政治与文化精英在社会中永远是少数，而构成社会的基础及其历史发展的参与者却主要是平民大众。这里的“平民”（the populace）指的是拥有公民权利和自由的广大普通民众（以区别于少数特权阶层的权贵），也就是指以中产阶层及市民社会成员为主体的平常的（普通的）人（ordinary people）。不管从历史还是从现实的角度来看都应该说，平民是城市的产物，他不可能产生于乡村或封建社会的私人城堡之内。平民是近现代社会自由经济存在下的伴生物，而不可能生长于市场经济被完全排斥的社会之中。他们是社会财富和社会交往的基本道德和文化价值观念的主要创造者和衡量者。虽然他们中的绝大部分成员所持有的艺术鉴赏与批评能力还远远不及少数艺术精英来得深厚与犀利，但是他们却体现着社会的总体文化水准和境况，并且是精英艺术进入大众社会的重要桥梁和当代文化消费的主要市场。在当代，平民化更是一种体现在对待社会公共事务及其目标价值的基本态度和主张。而以平等、民主、互利和共享福利的政治与文化旨意为价值导向的追求，正好是当代艺术趋于平民化的一种重要倾向和表现，这必将对公共艺术的实施与推广产生重要的影响。使得公共艺术的创作和实施过程中鉴于“对谁说话，说什么以及怎样说”或“代表谁说话、说给谁听以及怎样能够形成互动的交流”等基本问题，做出根本性的思考和选择。

公共艺术的存在目的和方式，正在于使其受众（也是参与者）达到某种认同和受益的普遍性和介入大众寻常生活的广泛性，它不由于精英艺术与市场经济作为背景而导致其服务于普通民众并且有着艺术的普遍精神的双重品格的改变，而正好是因为公共艺术对少数特权阶层与私人性质的利益的超越以及与平民情怀（法制社会和市场机制）的有机结合，才能产生出更多更好的公共艺术范例。霍克海默及阿多尔诺曾说过：“纯粹的艺术品，也只是就它们始终是商品的同时还遵循自己特有的规律这一点来说，它们才能否定自己完全具有社会商品的性质；直到18世纪，艺术合同者所签订的合同，能保护艺术家不受市场的冲击，但是，艺术家因此也不得不为合同和合同的目的服务。近代伟大艺术品之无目的性，也是依赖无名的市场的。艺术品是为满足市场的纷繁复杂的要求而创作的。”他还以一个常识性的例证来认为：“贝多芬的音乐，深刻地反映了他对铜臭的愤怒，他把必须出卖艺术品的做法看作世界对美学的强制，但是贝多芬也不得不用艺术作品赚钱去支付家庭主妇所要的每月生活费。唯心主义美学的原则，即没有目的的目的性，是颠倒的资产阶级艺术必须遵循的社会模式，即市场所宣告的有目的性的无目的性。”客观上，现代公共艺术在社会的存在中也一定不会少这些“纷繁复杂”和市场规律的左右和羁绊。但是，也正好因为这样，公共艺术才更加日趋体现出它的社会性及当代平民化倾向，也就是通过社会存在及其整体经济的运作规律而使艺术（包括精英艺术、高雅艺术）走入包括广大纳税人所在的平民社会的寻常生活之中，成为满足他们文化消费欲望的一种生活化与精神性同在的东西。如果我们无法正视和主动顺应这种时代的事实，公共艺术也将不可能为这个以广大的平民生活方式和消费需求为主体的社会所拥有，那么，它在整体社会中的生命力也就黯然失色了。

1.市民职责和主体意识的培养

公共艺术是通过市民的广泛参与及反映社群利益与意志的艺术方式。所以，其社会和文化利益的主体一定是市民大众。艺术的建设，在美化与优化城市生活环境的同时也会成为市民认识及体验社会作为一个利益和责任的共同体的实践过程。这是公共艺术建设在中国如今的一个非常重要的文化内涵及意识。

在这里，“市民”的概念并不是仅指“拥有城市户籍的居民”，而是指参与并且履行城市社会公民的权利和义务的契约的城市居民。他们中的每一个人都应该是创造与构成城市社会公共生活、文化、制度和生存环境诸形态的主人及普通一员。从政治社会学的角度来看，是由那些在诸如行政制度、财产归属、道德规范以及公共权益乃至交往礼仪等方面达成共同利益和共识的人们，进而构成了与国家概念不同的市民社会。在市民社会中以平等、自由、互助、互利为原则，并且在参与民主投票产生的国家法律制度下，实行市民个人及社团的各种权利和义务。但是，在中国近现代史上，还没有形成普遍的、自觉的或者法定意义上的市民社会。所以，在包括公共艺术在内的很多社会公共生活领域中，因社会形态的弱化及萎缩，国家权力及其行政干涉权力的无限扩大而使得市民大众在行使自我权力和监督批评政府决策的职能越来越微弱。所以，体现在我国近半个世纪以来公共艺术的题材、目的和观念方面，则突显在以完全的政府行为为实施的、以国家政治话语为内涵的纪念性、叙事性雕塑和建筑艺术的形式方面。如从各种对政治领袖人物的树碑立传到对阶级和民族英雄及其事件的颂扬和纪念，成为中国20世纪末以前城市公共空间艺术中表现得最多、最为普遍的内容。给人的视觉感受和心理体验也通常是非常严肃、沉重并且雷同，与一般人保持着距离或者近乎居高临下的关系。在改革开放的年代里有了很多变化和改进。其实这是与我国近现代政治历史及社会文化史的演进历程是相辅相成的。

这里不是要将市民社会与国家形态进行完全地对立或者隔离开来（其实两者在近现代理念中应是在政治与社会权力上的委托者与被委托者的关系，既有理性的信赖与主动服从，也有必要的舆论监督与法律制度的制约，它们是民主宪政国家存在的两个相互需要与依赖的重要的范畴）。而是意在注重在当今的城市公共文化艺术领域的建设上，应更多地倾听市民公众的意愿，使其具有实在的民主参与决策权力，并使属于公域的（public sphere）艺术和文化资源，更多地、真正地“为人民服务”。从特定的角度上看，公共艺术和文化与社会政治的关系可以说是比较密切的。在探讨国家和市民社会的民主生活问题时，19世纪著名的社会政治学家阿列克西·德·托克维尔的见解值得今人关注，即托克维尔坚持认为：客观上，公共艺术应是市民文化艺术的盛事和纳入城市文化及公共福利建设的战略性规划。当社会经济和文化教育及其他公共福利事业逐渐发展的情况下，公共艺术的文化内涵和精神特质应为充分体现市民大众的意志、情感和审美理想，使公共艺术成为在市民广泛参与下体现他们对社会文化和历史的过去、现在及未来的理解与态度的艺术表达。从而使之成为体现市民社会及广大纳税人体现自身文化意识与多样化审美意趣的平台。与此同时，也可以成为市民社会与国家政府间在充分实行民主与法制的前提之下，在艺术文化建设的公共领域实现广泛的协商、沟通和协作。将市民大众的公共利益、文化精神与国家意志及职责在公开的艺术表现中达成某种协调和共识，这在实施民主与法制的公民社会中并非绝对矛盾的事情。重点在于是否坚持以绝大多数民众的利益作为公共领域艺术建设事业的出发点及回归点，是否使市民大众作为该事业的真正主人，也就是是否让公共艺术建设的过程成为市民公众的公共参与、共同决策、共同享用以及公共监督管理的过程。

公共艺术建设的一个重要目的及意义，就是要让市民大众在自身生存环境中的艺术文化活动中，感受到作为社会主人翁所应有的市民的职责、荣耀以及尊严；感知到一个普通市民所应有的参与社会公共事务的义务与能力，并且将对公共艺术事务的参与作为民主参政、议政活动的有机部分予以实施。

2.市民文化的自我启迪

一个社会和国家要想真正具有发展的潜力及希望，就需要大多数民众具备了文化艺术的自觉意识和创造意识。这在东西方近现代社会的发展史上已经得到了充分的验证。艺术文化在全民素质的提升及全社会共同繁荣的推动上，有着其他途径所不可替代的作用。实际上，展开公共社会的艺术审美、艺术教育以及艺术创造活动的意义，并不只是在于艺术本身，而更大的意义是使社会大众超越生命中的平庸、成见以及惰性的束缚而获得创造和理想的活力，树立起趋于独立、自由、开放以及完善的人格追求。由于在我们面对自然、社会和人生的困惑和磨难时，独立的思考、机智的应对及疑难的克服过程都与自主的创造精神离不开，而艺术实践的历史正好成就了人类在认知和情感这两个方面的重大发展和飞跃。

20世纪德国著名艺术家波依斯曾经多次强调，我们社会中的每个人都有发掘及培养其创造性能力的必要性。认为艺术活动和培养民众的基本创造性素养具有必然关系。他认为“创造力是一项大众的财富。因此，人类学意义上的艺术概念指的是普遍的创造性能力。这种创造力既在医学和农业中表现出来，也在教育、法律、经济和管理中表现出来。艺术这一概念必须运用于一切人类活动。创造原则等同于复活原则——旧的表现形式已然僵化，必须转变为有助于生命、灵魂和精神发展的生机勃勃的、充满活力的形态”，并且认为“创造力是自由的科学，人类的一切知识源自艺术，科学概念本身也是从创造性中发展而来的，所以，只有艺术家们才创造了历史意识”。其实艺术的本质为人类认知自然与自我的基本途径，探索的实验性和自我意识的强调是艺术永恒的闪光。虽然波依斯的艺术实践和主张在当代社会仍然与现实中普遍的认识存在较大的距离，乃至隔膜。但是，在他的观念中对艺术与人生和社会价值关系的认识依然是值得我们珍重的："也许你的路存在于这样一个领域，这个领域要求的不是成为某个行业出色专家的能力，而是广泛地发动民众去完成其事业的能力。"犹如他的"每个人都是艺术家"的观点曾引起许多误解和强烈的争议那样，事实上，他的艺术精神及文化主张归根到底是为了"对社会机体的改造"以及对人的生存意义的观念的改造。并且通过艺术的方式让"每个人不仅能够、也必须加入这场改造中去"。在他的"社会雕塑"理论中向人们表明，最重要的并非艺术本身，而是使艺术的方式及精神成为广大民众的生活和工作的一部分，从而获得建立起一个"高效的、智慧的和民主的社会"。我们如果从社会和历史学的角度来拓展艺术的概念，发挥艺术在社会民众中陶冶人的情感、心智并且塑造自身文化历史的作用，那么，目前社会公共艺术建设的重要意义也就非常明朗了。

以物质造型和观念意识相融通为手段、以服务社会公众的精神为目的的公共艺术和文化，能够让绝大部分因被缚于社会的职业分工而难以直接参与创造性艺术活动的大众，拥有更多的自我学习、自我启迪和相互交流的途径。并且通过艺术的公共化、社会化和平民化交流方式，让艺术可以走进寻常民众的生活中去，成为培育理想社会与市民人格的自我培养的重要方式。艺术的公共化、共享化的一个基本目的，就是要使参与公共艺术活动（包括艺术创作、交流、欣赏及批评等）成为社会普通公众的自觉行为与自身需要的自然组成部分，而不是某种外在力量及目的的使然。我们当前的公共艺术的建设还更多地强调其物质形态的张扬或者在视觉环境上的美化功能，而在对公共艺术创作和导入过程中与社会大众的精神思想的交流和互动上还欠缺应有的认识。事实上，这比只是多设立几件有形的艺术作品要更有意义。

公共艺术是公共社会审美文化的重要组成部分之一，它具有社会公众的自我教育、文化创造以及思想启迪的作用。这种社会效应是通过公共参与及寓教于乐和寓教于美的方式得以实现的。21世纪以来我国大都市中的一些公共艺术活动已开始重视艺术与文化的教育启迪相融合的做法。如以某些主题性（如有关生态环境保护、地域及民间艺术交流、自然知识及全民体育的推广等主题）的艺术创作及展览活动面对社会，吸引市民大众（尤其是广大青少年）的踊跃参与，受到了一般的美术馆及画廊展览所无法收到的公共性文化愉悦和自我教育的良好效应。例如在2001年5月北京王府井步行街举办的大型雕塑艺术展览，就是为了弘扬奥林匹克精神与全民体育文化，让大量的北京文化精神有了更多的了解及关注，部分地起到了启迪及激励市民大众积极参与自身文化建设的公共意识的作用，使艺术（艺术家）与普通大众产生了近距离的交流和良好的互动效果。又如在2002年5月前后由中外艺术家共同参与、在北京动物园海洋馆前广场举办的海洋文化雕塑艺术展，展览以鲜明和浓重的海洋生态意识和环境意识为主导，以海洋中的动物、植物及其自然景观为表现题材，以大量富有当代创造意识的雕塑和装饰艺术作品与公园环境景观相融合的展览形式，吸引了无数北京的和外地来京旅游的青少年在五一国际劳动节前后徜徉在这片“寓教于乐”与“寓教于美”的公共艺术乐园中，让他们在忘情的娱乐和嬉戏中接受了关于海洋生态及其环境保护的知识，也在这种艺术展示方式的自由自在的参与过程中体悟到了艺术的知识和美好的文化情感。这样的艺术展览着实为普通市民的娱乐、教育以及城市文化形象的传播具有无可取代的积极作用。

（二）对大地的尊敬

有形的公共艺术作品的实施是与广场、建筑、园林或者水体等景观形态为伍的，其最根本的载体为温厚、坚实而无言的大地。是自然土地给了包括公共艺术在内的人造景物以容身的依托和具有生命意象的自然背景。但是，我们在当前的城市环境景观中，大量呈现出大片荒置的土地，凌乱与肮脏的地块，或在公共建筑及公共艺术场景的规划和设计中，不是从人们现实生活的客观需求出发而从事很多盲动的、掠夺性的土地开发，熬制大量土地资源的滥用和浪费或建成后的疏于管理。公共艺术在城市区域土地的规划及运用中所占有的空间虽然是有限的或者附属性的，不过由于它的景观效应和对土地利用所产生的连带效应却是不容小觑的。可以说，以大面积土地为整体环境设计的公共艺术工程，其成功的效应中必然具有使游览者和使用者对土地（环境）产生更多的亲和感、优美感以及适度的使用效率等显在元素。相反，不成功的公共艺术工程一般是与其对土地的实际利用率较差，或与土地环境的自然形态（及文化属性）以及与人的活动方式的融合效果较差是密切相关的。所以，在城市公共艺术建设中对公共环境的土地使用方式及文化态度，将长期决定着城市公共空间设计处理的艺术和文化（包括土地及其空间利用的人性化及生态化）品位的高低。

我们的先人有史以来就对土地充满了尊崇及敬畏，在历代的民间生活与信仰中对土地的自然“神性”与生生不息的伟力给予了深刻的铭记及热情的颂扬。远古的“社神”崇拜便是源于对自然土地的崇拜，也就是所谓

“社，地主也，从示、土”（《说文解字》）便是如此。古人深刻认识到“地之吐生万物者也”，也就有了土地才有供人们衣食的农业和织造业，才有供人们筑家安居的良材。这类崇拜构成了我们祖先的原始宗教和乡土文化的重要内涵；先人对大地的神化是由于他们感知到大地无垠，地力无穷，承载万物，万古恒久，因而对它肃然起敬。先人对大地的亲近，是因为大地为人的物质和精神活动提供了无穷无尽的食粮和财富，成为人类赖以生存和发展的基本依托。先人对大地的美誉和回馈是因为需要对土地的馈赠及奉献予以回报与崇敬，表现为不同时节的祭献及内心的感激。两千多年来中国乡土社会中数不清的“土地庙”及在春秋两季设立的“社日”（农家祭祀土地神的传统节日，也就是“春社”“秋社”等）以及延绵到今天的“庙会”祭献，就是先人对土地资源及自然精神真诚敬畏的明证。

不过，我国在2010年以后的城市开发及公共场域的兴建中，出现了一些片面追求景观环境表面形态及地块尺度的宏大广阔的倾向。导致了土地资源的浪费和土地合理利用效率低下的情形。我们的很多城市，不是依据该城市及社区人口的总量需求，以及依据该城市在国家及地区内的功能特性的定位（即依据对某城市在区域网络中的地理位置、产业结构、经济地位、交通条件、气候条件、竞争优势和城市的历史与景观资源等综合指数的分析而做出的城市特性与角色的设定）去合理经营城市的土地及其公共空间和景观文化资源，而是在一些标志性的公共空间及艺术景观的规划设计中盲目追求规模的宏大、内容陈设的堆砌。结果是利用率低、持续性差、土地资源和财富浪费很大。一些主持和参与城市区域开发者的心理和认识，犹如从自给自足的小农经济时代以及经济短缺的早期计划经济时代突然跨越到现代化城市社会中的一位“暴发户”，在历经了物质短缺、自主性匮乏和想象力丧失的窘迫和苦痛之后抓到了一个满足和补偿自己的机会。一味地以“大”“多”“洋”“贵”和模仿性的炫耀为能事。因此，就出现了不少大而无当、缺乏实用及艺术价值、丧失人气的城市广场；粗制滥造、哗众取宠的城市雕塑；南辕北辙、不伦不类的所谓“欧陆古典”建筑景观（如在一些乡土性、地域性特征显著，并且呈现杂乱破败甚至荒漠化的城镇环境中，居然出现大量模仿希腊或罗马柱式或者欧洲古典风格的雕塑而建造的柱廊、建筑群、广场等大型景观）热闹一时。它们与本地域的文化传统及人情世故没有任何关联和对话，只能成为一种唐突而假冒的“西洋景”，一时满足了部分人的无知的虚荣或者其他的利益目的，却使珍贵的公用土地和地方文化遭到了破坏。

从20世纪90年代中期起，我国出现了全国范围内大规模的城市广场建设及房地产开发热潮。可以说，这是中国经济和城市化发展的一种客观要求和体现，并反过来推动国内经济及城市化的发展。不过，如上所述，在这种大规模的开发用地中，不少地方在规划控制上，并未合理而谨慎地处理好本地区土地及自然景观资源和当前经济利益需求的长远战略性关系，把那些自然赠予的属于公共社会的山水林木或者丘陵湿地等很难再生的资源进行随意开发、填埋、占用或者遮拦（使其成为高度商业化的产品及少数人享有的景观），一方面破坏了城市景观的美学和公共精神；另一方面使得城市的自然生态资源遭受到人为的滥用、浪费，乃至毁灭性的破坏（包括对长期建立起来的生态链——植物及动物的生息、繁衍和相互依存的循环关系的破坏）。在大量建筑及硬质景观的建设中没有考虑自然与人以及自然与自然之间的平衡关系，也没有考虑自然与社会的可持续发展的基本原则。所以，涉及公共艺术建设工程用地范围的多少，合理使用效率的高低，艺术作品及相关环境工程的表现材质及建筑方式，还有工程与所在环境的自然形态和生态维护之间的关系，都是参与规划、设计的人员和进行审议及决策者们应仔细对待的。不然的话，任何所谓的艺术建设和开发都和对自然和后代的损害与侵犯没有差别。

第二节　公共艺术的城市背景

因为当代公共艺术建筑的文化定位和样式与城市及其文化特性具有密不可分的内在联系。不同城市的历史、文化地理和经济结构形态乃至传统意义的民情特性均为公共艺术生存的现实基础。因而，在我们对公共艺术展开多方位的论述前，需要对其生存和成长的城市形态及其历史性概念作简要的阐释，以便对当代公共艺术的文化使命和在社会中的位置（及作用）做出合理的认识。

一、城市及其历史特性的差异

城市，是人类历史发展到一定时期的必然产物。它是人类社会文明过程中不断的物质化、“文化化”和群体生存管理的制度化的一种结构和形式的存在。人类历史上城市的出现，代表着阶级社会产生以后，在各类交换领域活动的活跃与频繁，在物质经济和精神文化方面的丰富及创造力，在各方面知识与技艺的传承和创造上空前的专门化、市场化。在人的行为和思想的自由程度、社会交往的空间和与自然的关系等方面，均发生了并且正在发生着史无前例的巨大发展和变化。以至于城市成为造就人类迈向超越自然与农牧文明的局限；朝向个体和社会发展的自由以及期望实现更大效率和资源共享之道路的出发点。

从总体的社会生产力发展形态来讲，人类社会历经三次社会大分工的过程：畜牧业从农业中分离出来、手工业从农业以及畜牧业中分离出来、商业从手工业及其他生产中分离出来。阶级社会的产生、商人阶层的产生以及脱离农牧业生产的人口的产生等因素一促成了早期城市的产生。中外历史普遍表明，起初“城”与“市”是两个分别独立存在的社会形态。“市”是用来作为人们生活资料及商品交换而设置的较为固定的交易场所，最早的“城”则是围绕领主集团和人群聚落而搭建起来起围护作用的墙郭。而随着区域社会的人口增加、生产资料的集中以及各种贸易的扩大，以及为了更加便于管理和安全的缘故，比较大型和固定的“市”便移向“城”的周边或者集中在“城”中。进而促成“市”和“城”的结合，逐渐形成近现代的完整意义上的城市形态。城市产生时的社会和自然背景、具体的历史年代、具有的规模以及形式、初始的主要功用和职责以及对后来的影响关系等，都存在着很多相同和一些相异的因素。因而，不可以一概而论。

据相关史料显示，早在公元前2000年左右的古埃及第一王朝时期就已经兴建了名为白城的都城（也就是后来的孟菲斯城）。在公元前2300年前后的美索不达米亚地区，苏美尔人建立了许多城市（例如著名的乌尔城）和公元前6世纪兴建的新巴比伦城。在公元前2000年前后的爱琴海诸岛及沿岸地区出现了不少城市（城邦），例如特洛伊城、迈西尼城以及在公元前8世纪至公元前6世纪出现的众多的城市，例如著名的斯巴达城和雅典城等。在中国，公元前3000年到公元前2000年期间出现了规模比较小的城市（城堡性质），例如考古发现的处于原始社会后期到夏朝初期的龙山文化之城市诸遗址。又如被考古证实在公元前1500年前的商代城市的存在，例如商代中期的商城（位于今河南郑州）、殷墟（位于今河南安阳）。从世界城市的产生和发展过程来看，一方面，是由其历史的生产方式、社会经济结构、自然环境和工程技术条件所决定的；另一方面，特定的社会政治形态、文化传统及宗教习俗，也孕育了一个国家和民族的城市发展历史及城市形态的很多特征。

针对古代城市产生的原因和作用来讲，可以将其归纳成以下几个方面：

（1）兴于优越而重要的交通地理位置。例如处于各类交通要道上的码头、港口、驿站以及戍边屯兵等所在的位置。另外还有是出于早期宗教文化传播和聚集的因素而逐渐兴盛起来的城市。当然，在中外历史上也有一些较早形成的具有综合性质的都城、市镇。

（2）兴于自然资源的发现。如对于地下矿藏资源等的开采和加工而引发的人口、产业、交通网络的聚集而形成城市。

（3）兴于自我保护（或区隔）：原始文化时期的民族及家族集团的居住地盘（如中国西南或西北少数民族的一些较小的早期城郭）。

（4）兴于经济贸易：为了更加方便地进行物质财富的交换、囤积或者大量周转而由初始的交易集中地，扩张为较大规模的、固定的、由城墙围护的——集贸易、生产和生活消费为一体的区域。

（5）兴于军事防御：作为能够防御及攻伐敌方的堡垒或者要塞性质的实体。还有为了起到防御野兽和外部侵扰、保护一个区域内民众的生命、财产以及权力制度的安全作用而圈地筑城。

就一个国家或者大区域的整体性的城市历史特征的关注，可以帮助我们对其城市文化传统及其精神内涵的概略有进一步的理解。正是因为这样，中国早期城市所具有的一些明显特性非常值得我们注意：

第一，古代中国城市显著的政治功用。可以说萌芽于春秋时代而经秦汉时期推广开来的“郡县制”，是促成中国古代城市作为政治权力中心和政治文化辐射体系的重要原因。尽管在我国城市史册上也有一些长期以来比较单纯的商业性市镇（如佛山镇、夏口镇、景德镇和朱仙镇等），不过在汉唐和宋元历代以来主要的大都市（例如中国的古都西安、洛阳、南京、开封、杭州、北京等城市）均为首先并主要是作为政治中心而设立和存在的。所以，这类城市空间的占有及其格局的安排通常体现出封建政治统治及其文化的权力象征形态。不少封建王朝的都城建筑中，帝王的皇城、宫殿、明堂、宗庙、祖陵以及皇家林苑等通常占了城市的主要位置和大部分空间。而大多数的平民活动场所、住宅、手工业作坊以及市井商铺则在皇城宫墙之外的周围，或者是在城郭的近边。也就是形成所谓“筑城以卫君，造郭以卫民”的客观情景。那些手工作坊和商铺的存在，除了用于城域内部和对外的交换需要之外，基本上都是为了便于皇室贵族们奢华生活的需要。由此可以看出，古代中国的城市是以皇权为中心的政治中心（其象征的建筑实体是宫殿、宗庙和行政衙门）。这与中古以及更远时期的西方国家的城市不同，主要是以神权为重要表征，以宗教与商业贸易文化为主体的社会中心（其象征物是神庙、教堂、广场、集市及剧场）。在中国，普通民众被称为帝王的“子民”“臣民”，而帝王被称为“天子”“万岁爷”，他委任的代理者被称为民众的“父母官”“大人”。西方社会则在基督教文化及伦理下，民众被称为“上帝的臣民”。这些特性从总体而言对中国城市及其历史文化传统有着十分深远的影响，深刻地揭示了中国古代城市自身的文化品格与其具有的精神象征的特性。

第二，从历史上看，中国城市的独立和完全性是相对的、有限的。中国的不少城市形态直至现代在与农村的界限和关系上还是处于某种模糊（或交织的）状态。这从外部景观上看，在有的城市的范围内长期存在着自然农耕时代保留下来的农田、山林、园圃以及用于经济性养殖的水系河网（当然，这对城市的景观和生态具有独特的意义）；城市的生存更多地依赖于其周边腹地的农业经济和乡村传统手工业，并非完全立足于城市自身的工业与商业经济的资本成就，还有外向的经济及技术的辐射能力；从人口成分上看，居住于城市中的有些人并没有完全脱离以农业生产换取生活资料的方式，并且在生活方式与文化习俗以及家族关系上与农村社会保留着密切的联系，特别在文化观念及生活态度上也是这样（包括已在城市开办工商业的很多业主或者摄政的官僚）。相比较来说，近代（工业革命前）西方城市的演化较为快速和深刻，其城市的产生与发展的重要依托和特征，是在于工场手工业和主要对外贸易的商业的密切结合，也就是城市工商业经济成为其城市的显著特性。另外，在工场手工业和商业大发展的同时，使其城市中的工业（商业及专业服务性质的）人口大量增长和集中起来，也就是在近代城市产生过程中，造就了一类以新型方式生产和生活的“新兴人类”，塑造了新的近代的城市内涵、城市人格以及市民文化。相形之下，因为中国近代城市的社会、政治以及经济结构等因素使得其城市及城市文化形态还是缺少鲜明的自主独立性以及作为社会中心的自足完满性。其城市的理念和实质与近代西方城市尤其与先期的工业发达国家的城市形态及发展历程相比，通常表现出巨大差异。而对这些城市历史的渊源和相互差异的关注，对于我们发展中国当代城市文化艺术，包括发展当代城市公共艺术，均有着重要的历史与文化的重要参考价值和现实意义。

二、城市文化和城市生活具备的特质

公共艺术作为现代城市文化与城市生活形态的产物，实际上还集中反映了城市文化与城市生活理想和激情。城市文化是在城市母体的孕育下所滋生出来的文化形态。文化的概念可以从两个基本的意义上进行界说：一个指的是人类摆脱了纯粹自然属性及其状态的束缚而在后天的演化中所获得的认知及共同遵循的行为方式（它在特定的地域和条件下呈现出自身内部的认同性、与其他类别间的差异性）。也就是说，文化呈现为一种复杂的综合体，它包括了一个区域或民族在长期生存与发展过程中形成的知识、信仰、宗教、风俗、法律、道德、艺术、禁忌以及对物质世界和造物技术的体认等内涵。当然也包括人们在自身社会的运行中所获得的全部经验、能力以及约定俗成的习惯。另一个是注重人类生活方式中具有目的性及规范性（社会制约与协作）的行为下所形成的结果。总体而言，我们认同——文化是人类创造的所有物质成果和精神成果的总和——这种以人为本的兼容物质及意识积淀为一体的文化认识。公共艺术也属于这种概说的文化大范畴。

城市化概念是在半个多世纪以前由西方发达国家的经济学和经济地理学者提出的。他们看到了现代意义的城市化是伴随着城市的工业化而实现的。城市化程度的具体指标是以国家全体人口中的城市人口比例和国民经济产值中工业产值比例的过半数等量值来体现的。但是，从根本的意义上来讲，人类的历史文化是现代城市发展的本源，而现代形态的城市与城市化运动则是它的一种流程，并非最终目的。即城市的工业化和现代化的价值及意义不应该建立在损害与违反人的根本的生活意义（生命意义）的基础之上，其产生目的、成就以及价值应与人的生活目的、期望以及价值基点相一致。不过，在18世纪以来西方工业革命的经历中，还有在20世纪中期以来中国工业化的进程中，不少以牺牲城市生活的真意为代价而实施的工业化的先例，对当今的人们反思我们的城市生活与城市文化的根本目的和意义，有着非常重要的价值。简而言之，脱离了真正的人性化的生活，何谈真正的“城市”。

城市文化是相对于乡村文化及其他非城市文化形态来说的。城市文化的形成与发展有赖于城市生活形态所普遍具有的特质及属性。相比于乡村生活及其文化特性，城市生活和文化有着以下几点鲜明的一般性特征：

（1）互动性和多变性。因为城市社会物质和文化资料的高度集中以及快速流动，所以城市社会的内部在市场、技术以及生活方式、思想观念方面很容易产生一些新的革新和激荡。城市社会是消费和文化技术教育中心，在容易受到外界影响的同时，也会影响其周围的乡镇。其自身则展示出不断学习进取及与竞争者们的互动，还有快节奏的变化以及不断的“标新立异”。所以说，城市生活方式的选择余地与其所提供的发展机会比乡村社会多，人的思想观念不会那么封闭保守。

（2）异质性和竞争性。相较于乡村而言，城市人口的来源及成分组合会更具有复杂性与异质性。例如表现在阶层（阶级）、民族、职业、宗教和经济收入、受教育程度以及生活环境、生活方式等方面的差异，也就是有着城市“亚文化群”（因为以上的客观差异而居于的不同的生活与文化层面的社群及其观念形态）的众多差异。并且因为它们之间或者相同社群为部的交流、碰撞以及存在的矛盾性所一定会出现的社会竞争，使城市生活形态与生活方式呈现出高度的丰富性与差异性。从某种意义上来讲，相较于乡村生活及其固有的文化形态，城市生活要更加丰富多彩，并且可以变化出新的环境条件。

（3）社会化和集约化程度高。因为城市中商品化程度及各种专业性、互补性的配套服务程度高，因而城市居民在很大程度上摆脱了自给自足的生产和生活状态。在加大对整体社会资源与功能的依赖的同时，使得自身从比较单一且繁重的劳动中解放出来，而且拥有了更多的机会与条件去介入更加宽广的生活与见识的层面中去。

（4）开放性和创造性。因城市生活和生产中的人主要是与非自然化的人造物质形态及技术形态相互作用，其知识与技术的开放、累积以及发明的进度，还有文化的变更以及创造概率都远远超过了乡村社会。并且因为城市的交通与交换中心的作用，其物流、人流、信息流以及货币流量比乡村社会要大得多，更易于受到来自外界的影响及各种资源的汇集，能够不断得到更多的外部资讯和新生力量的支持。

这些并不是个别特定对象之间的个案比较，而是对城市和乡村的一般性比较。需要强调的是，因为城市社会及其生活方式是城市居民长期共同创造和享有的各种特殊的文化形态，它所具有的特性及惯性，总体而言，会在很长一段历史时期内决定着城市发展过程中对自身当前和未来的影响与需求。

城市文化的内涵和伟大，并非仅指城市所产生的物质财富和经济交换给城市生活带来的繁荣与便利，而是重点说明了城市与城市文化是作为人类勇于变革的精神与自由理想的母体或者孵化器的作用及地位。城市居民因为摆脱了纯粹与土地为伴的束缚及自然化的生存状态，通过商业化的做工、制造和高度货币化的交换形式来获取基本生存资料之外的储备（如更多的剩余财富、新知以及自由支配的时间），并且通过城市生活中的交换、法律、艺术、宗教、游乐活动以及社交礼仪等方面的学习而建立起一系列新的文化信仰、文化机制以及新的文化语言体系，同时也建立起属于城市人心灵构造的独特的人格理想与美学体系。

城市居民的一个非常重要的本质特性是在理性精神指引下信奉群体的智性、意志的自由以及社会的民主和进步。也就是在必需的物质生存的基础上追求人的精神生活和人格陶冶上追求更高、更自觉以及更完满的境界。除了物质因素以外，近现代城市市民相比于传统意义上的农民（乡民），其社会生活与文化精神的内涵存在根本的不同。尽管各个国家和地区的城市历史和社会情景都存在或多或少的差别，不过在总体上，实际上证明了该论说的客观性与深刻性。

可以说，现代的城市人的生活及其文化的特征为自我与社会意识的觉醒，是具有自觉、自强、自爱、自律的“才智”性的生存方式与态度。正是由于这种“才智”是有理解力的觉醒意识的特定城市形式，因而，所有艺术、宗教以及科学在城市社会生活的创造和陶冶中渐渐“智性化”和“人性化”了，还造就了其不同时期的艺术与文化的风格历史。也正是因为这样，城市与城市生活才对乡村有着极大的吸引力，使原来的非城市人口对城市与城市生活产生向往。

城市，特别是现代城市社会更多地肩负着对其市民的综合素质和文化修养的教育重任。而从属于全体社会文化的城市公共艺术活动，即部分地承担着市民大众的艺术欣赏、艺术教育以及艺术创造的责任。它与旧时私人学堂或者作坊式的艺术教育不同，与一般的综合性大学和艺术学院专门的艺术教育和创作也是不同的。城市公共艺术的存在及传播方式远远超出了原先知识精英阶层及职业艺术家工作或者理想的范围，其艺术教育和影响不为少数在政治、经济或者家庭结构上有着优越地位的人群所垄断，而成为当代城市文化环境中公共福利与社会公共权利的组成部分。城市公共艺术正好是通过对城市的公共文化资源及财力的运作而使大多数人可在私人领域、书籍、专业学校以及专业博物馆之外，更为方便、自由地接触并学习到相关艺术的审美和对社会问题表述的信息，并且通过该艺术形式（方式），对城市环境和民众的审美素养和情操加以教育改造，促进城市市民对环境和社会生活品质的改造与提升。当代城市文化及其生活的特征在很大程度上，体现在包括通过艺术教育的途径去实现对其市民的现代化、智性化的转型教育。特别是对于城市中青少年和中年一代的现代文化转型教育，使市民大众在包括开放性的、三动式的艺术交流中，为自己建立起自信、自强、自律、自治、自制的当代新型市民素养与人格风范。

公共艺术在对市民潜移默化的艺术感染与教育中，正好是在审美的过程中将人文与自然的知识和真善美的人格理想进行了统一和表现，也就是将作为人和社会人的德行、知性以及美的意识进行了整合的艺术化诉求。事实表明，在我们国家整个20世纪的艺术教育中尽管培养了不少优秀的艺术家和专职的艺术工作者以及教师，然而作为在城市社会中面向全民，是为了使其对自然和自身生活领域产生美好的情感与道德理念的艺术教育，还未得到长足而深入的发展。这些正好是现代城市社会公共文化艺术教育所应担负的职责。如果说在古代或者近代的城市职能更多的是从物质配置和人身安全上保障和养育其民众的话，那么现代城市的一个明显的职责即为要使他的民众在实现其自我价值所必需的知识、才能、情感以及富有创造性的思想观念方面得到良好的培育和支持。所以，作为现代社会教育的传播手段，除了一般大众媒介（如电视、广播、报纸、杂志和互联网等）以外，以表现介质和交流方式的丰富和以美的形式及情感为引导的城市公共艺术形态，应成为为市民大众文化生活和艺术教育服务的重要途径之一。

第三节　公共艺术与城市形态

城市形态所指的不仅是一个城市所处的自然地理状况、城市的平面歌剧或者城市的一般功能的营建状态，更多的则是从社会学、文化学的角度来审视城市的精神气质和综合情形。所以说，城市形态的内涵是非常丰富的，也会非常复杂的。因为城市是人的产物，是人的文化的产物，是生息在其中的社会化的群体的产物。城市随着不同的社会历史时期与文化观念意识的变更而不断发生着变化，也只有人的存在和持续的社会文化活动才能鲜活地体现城市的特性、内在意志的走向以及价值追求。

一、城市文脉和气质的凸显

虽然城市形态各种各样，但是基本都是由满足其居民的使用功能而构建的建筑、街道、水道、空地、各种机构以及公共设施所构成。人类在东西方城市的建设历史上，基本上都有为了显现其生命信仰和生存意义而构建其精神之寓所的不朽传统。例如历史上非洲及欧亚城市中的各色神庙、教堂、寺庙、祭坛以及各种祈祷、礼拜及纪念的场所。世界历史资料表明，在很多城市形成初期，人们就将其信仰的神灵的供奉寓所早早地搭建了起来。他们普遍认为，如果不这样做，人们的“灵魂”就会居无定所，生命就会陷入狭隘和无所依傍的境地。为了让人可以和神同在，庙宇和神殿就成为城市或乡镇的人们维系人神之间“沟通”的公共空间及精神园地。在西方中世纪教会与君主时代，一个城市或地区的教堂的建立及其建筑的样式、规模的大小、艺术装饰品质的高下等，不仅代表着这座城市或者这个地区的等级及权力地位，还代表着这个地区人们的荣耀、尊严以及能力，所以，总是会成为该城镇的中心和地标性建筑。人们付出了热情、财力、智慧以及艺术技能乃至生命而为之。在东方的中国，从汉魏到唐、宋、明、清各朝代，各城市和集镇基本都在城中或者周边建有自己的道观、寺庙、塔院、禅室以及“文昌阁”、书院。在历代的京都则建有庞大的宫殿、祭坛、陵园以及家庙等。另外，还有作为城市公共设施及景观形象的钟楼、鼓楼、瞭望塔以及各种观景楼台等建筑物，从而彰显本地区的社会文化和政治、经济的兴盛。即使是在城市和乡镇的民间社会，也多有诸如土地庙、水神庙、山神庙、关帝庙、文庙以及用于集市、社火的戏剧楼台，还有家族宗室的祠堂等建筑。这些不管在物质空间形态还是在社会文化的心理方面，都构成了城市形态的重要部分。这些正好是在城市这个背景下实现的人的观念形态和精神领域的生产；同时，也恰好是人的精神、理想、尊严、才情和以往的宗教和政治生活才造就了以往完整的城市形态。

不过，随着近现代科学、工业以及人文学科的不断进展，随着现代城市化的发展，以往为了让人们对自然神、宗教礼仪以及君王权威产生敬畏的城镇布局，还有用艺术形象和手法塑造的神祇、坛庙、宗祠以及乡镇中的家族世代相聚的宅院、厅堂，曾经和悠悠岁月相伴的各色门神、灶王爷等民间的诸神已经远离了我们的视线，渐渐地消逝。它们如今通常至多作为博物馆中的摆设或是作为供游人访古猎奇的去处。取而代之的是吞云吐雾的厂房、望眼欲迷的高楼琼宇、光怪陆离的商厦、豪华气派的金融场所和比肩接踵却毫无表情的住宅群。在现代化及其环境带来的高节奏、高强度、高竞争的都市生活中，处于急迫和躁动下的芸芸众生因为没有了内心的平衡与归宿，显得无比迷茫。

面临着生态环境的恶化、多种能源的匮乏、就业和经济竞争的激烈、住房以及交通的艰难、人的社会道德水准的下降等，对于人们憧憬现代化、城市化生活的初衷和目的无疑是一种冲击和质疑，使得越来越多的人去思考人的本性及生存的意义，认真地思考人与人、人与自然的关系。

人们在新的历史条件下构建自己的城市和生活方式时，真的会不考虑对精神家园和理想社会的向往吗？从客观角度来看，当人们在努力获取和提高基本生存所需的物质条件后，不可能会忽视自身生活状态的体验所引发的精神活动，但是总是试图在时常遭遇的物质世界及现实社会和人生中的无奈之后，获得可以使之平衡、愉悦以及释放的途径。例如通过亲近和解读大自然，或者潜心学习新知，或投身于艺术，或热衷于某种公益事业等作为对自我身心的某种慰藉或灵魂的“救赎”，从中求得生活和劳作的愉悦意义。其中，除了个人化的艺术以外，很明显公共艺术已经成了社会中包括个人与个人、城市与城市、社区与社区，甚至是民族与民族、国家与国家之间进行旨在精神情感和思想文化的交流与援助的重要方式。这种精神文化及审美文化的交流的本质，并不是像商业或技术活动那样为了竞赛及经济利益，而是作为伴随着城市生活的真切的文化体验而呈现的——市民社会的创造性才智、社群的情感以及城市气质和个性的自然流露。公共艺术的存在，小到对公共场所的每件设施和一草一木安排的艺术创意，大到公共建筑艺术、城市公共环境和景观艺术的营造、社区或街道形态的美学呈现，都体现了一座城市及其居民的生活历史和文化态度，缔造着一座城市的形象及气质。不管是历史上遗留下来的一段城墙、一座庙宇、一条老街或者一处雕花的井台，还是现代设计的一座建筑、一处广场或者一件艺术品，都在诉说着这座城市或者乡镇的沧桑岁月和人情世故，体现着生活和繁衍于期间的民众的文化习俗及地方品格。它会通过不同的方式影响着他们的后代的生活态度及审美素养。并且，它在向外界的人们传递着关于自身的在很多课本中很难找到和详述的信息。例如北京的故宫、长城，大同、洛阳的摩崖石窟，西安的钟楼，太原的古城、古寺，南京的秦淮河道、夫子庙、长江诸大桥，苏州的园林，杭州的西子湖，上海的外滩……自然还有很多在近半个多世纪以来体现出的文化产物，都体现了它们的文化积淀及美学的历程。它们构成了城市形态的历史文脉以及视觉化的人文景观，记载着城市的荣辱和兴衰。

在城市的各种构建物中比较成功的公共景观艺术作品，与一个区域的规划和建筑以及道路系统的设计相比，通常更能够直接和鲜明地体现其人文内涵和精神特性，体现出更为强烈的美学感染力以及艺术的自由表现力。客观上，两者都需要人的审美判断及物质技术的介入，都需要关注“人”与“物”的关系以及物与物的关系，例如艺术创作过程中一直伴随着形与形、形与色、材质与机理、工艺与技巧等物质化形态的关系的处理问题，还有作品和展示环境的协调等关系。两者都深刻涉及人的意志、观念和情感，而且具有各自无法替代的作用和价值。需要指出的是，因为艺术本身强调和突出其审美性、精神性、理想性以及自由性，所以，公共艺术作品在景观环境中的审美效应以及在对人的情感意志的言说方面，一定会显得更加直接和强烈。尽管公共艺术在环境中有些时候主要是起着“点缀”或者“辅助”的效用，不过，公共艺术在城市公共景观形态中集中地体现审美文化、显现城市精神、传扬人文历史、反映市民心声甚至干预公共社会的文化和政治生活方面，是其他一般建筑物的作用很难替代的。

很明显，从不同的学科角度和从不同的价值观念出发，我们对城市形态的解说和理解会有很大的不同。不过，理解城市形态及其历史绝不能仅仅对几何街道机理转变的描述或是仅仅将城市空间的规划和基础设施的调配及其经济运作的效率及行政效用作为城市形态的全部内涵。一座城市的市民的社会心理与文化生活的内涵和品质，同样构成了该城市形态的重要部分，并且通常是最生动、最真实以及富有自由想象力的部分。从某种意义来讲，在一座城市中是否有创造性的公共艺术作品及公众参与的艺术探讨和批评的存在，是否有适量比例的供人们进行文化和审美交流以及娱乐休闲的公共场所，已成为一座城市的品位的优劣的明显标志。它们通常反映着城市民众的生活方式、生活品质以及社会群体的精神状态。

二、城市社会的守望者与见证人

公共艺术的存在、维护以及创造，有利于人们认识或者追怀城市生活的过去，同时也有利于我们的后代认识今天及憧憬城市的未来。城市对于公共艺术的需求其实是与城市所具有的文化储存及记忆的基本功能相辅相成的。城市往往通过它的纪念性建筑、牌坊、雕塑和博物馆、图书馆、档案馆等储藏方式来延续与传播城市的文化及历史，使其世代相传、发扬光大。城市创造的文化、智慧以及社会的各种传统在很大的程度上依赖于这些有形的、物质化的载体才得以传承与发展。公共艺术是当代城市文化的产物，在一定的范围内正在行使着城市文化历史的记忆与传承的职能，并且构成城市形象与个性的重要部分。物质化了的公共艺术被城市这双巨手在不同的时空中不断地培育着、塑造着，同时它也用其特有的方式塑造着、记忆着并守望着城市。城市公共艺术正好是一种在公众文化和公众行为下，通过其利用自然环境及塑造人工环境的方式去记载与传扬着一座城市的公众文化精神和地方特色。

我国不仅有历史悠久的多座老城市，也有现代和当代发展而来的比较年轻的城市。可以说，城市的各个时期的文化艺术形态均存在其历史的局限性，但是，作为当代城市公共艺术的基本职责之一，就是要在尊重城市文化历史及市民情感的前提之下对那些有利于城市社会的创造性发展与优良的审美文化传统进行发掘、提炼及表现。使其以公众参与和共享的艺术方式传承和发扬下去。这样做旨在通过艺术的方式为城市公众营造一个值得为之奋斗、骄傲和依恋的精神家园，并使之迈向社会大家庭所应有的温情、和谐、优美、智慧以及民主的理想境界。

只要城市的人具有某种生命的意识、审美创造和愉悦的需求、人格的尊严，不管其是个人的人还是群体的人，也不管其是处于哪一社会阶层的人，那么艺术和公共艺术就是城市中人们必不可少的伴侣，虽然其表现的方式和文化内涵十分复杂。这不管是在古代西方的“酒神”精神还是在东方的老庄文化之中，不管是在封建独裁的时代还是在民主共和的时代，也不管是在普遍的宗教信仰的时代还是在科学昌明的无神论普及的时代——对于艺术，或者用艺术的公共方式去传扬某种信仰、道德、权威、事理、功绩、理想或者某种审美的情感的表现方式，从来就没有终止过。这其中特别重要的，是对人类的生存意义的追寻以及对生存价值及情感体验的铭记和传世。否则就不会有数千年以来出现的诸如埃及的卡纳克神庙、阿蒙神庙石雕艺术以及斯芬克司狮身人面雕像，也不会有古亚述帝国宫城的守护神兽“拉马苏”艺术，更不会有象征罗马古城历史的城雕《母狼》，当然也不会有遍布欧洲中世纪至文艺复兴前后的宗教艺术和世俗艺术，例如法国的巴黎圣母院、凯旋门，更别提中国魏晋以来的敦煌、云冈、龙门的石窟艺术，同样，也不会有近百年来欧美及世界的现代公共艺术，例如美国的自由女神像、拉什莫尔国家纪念碑及俄罗斯伏尔加格勒的《斯大林格勒保卫战英雄纪念碑》，当然也不会有中国深圳的城雕《拓荒牛》《深圳人的一天》以及上海浦东世纪公园前的现代景观雕塑《日晷》及延绵数公里的景观大道的公共艺术设计……恰恰是它们，陪伴着、守护着并见证着一座城市乃至一个民族和国家发展过程中的沧桑及风雨历程。在这些艺术作品的身上记叙和诠释着不同历史时期、不同文化体系中不同社群的人们的梦想和荣耀，同时也为今人和来者演绎、解读着人间沧桑的悲喜剧。

如今，城市公共艺术随着以往皇权贵族的炫耀、特定的宗教意义、权力政治的标榜及纯粹的个人崇拜的消退，其实际作用及意义更多地转向了对城市业绩、城市历史、城市特色、城市理念以及城市自然资源和人文积淀的审美表现，转向了对市民大众的公共文化理想的憧憬和描述。有些则重视兼顾其公共社会的道德提示的使命（例如对自然生态、生命价值、人类和平、人间亲情、人道职责以及对人类命运的关爱）。世界当代公共艺术的一个普遍特性或者大的趋向，可以说与城市环境品质的建设及市民大众的生活理想和文化品格的追求密切相关，使得公共艺术成了一座城市中赖以显现的文化容貌。

第四节　公共艺术的城市职责

如果人们想要对一座城市有所认识和了解，可以从它的历史文献和教科书式的城市资料着手，但是实际上，城市给人最为强烈、最为直观的认识还是源于它给人们的视觉感受，是它呈现给人们的街道、建筑、广场、城市轮廓和不同的景观布局，特别是那些典型的个性化的公共场所、公共建筑群以及其中闪耀着情感和智慧光芒的艺术化景观。一座城市有形的物质文化的沉淀和丰富多彩的市民生活样式，还有关于城市的故事和传说，便构成了城市的神话和活力、过去和现在。当人们徜徉在国内或者异国他乡的城镇广场、海滨公园或者街市社区的景观之中，是无法忽略散落其间的具有象征及标示意义的公共艺术作品和独具个性的公共环境景观给他带来的深刻印象的。在很大的程度上也正是那些意境隽永的公共艺术及人文荟萃的公共文化场景，才使得人们将对它们的关注和对一座城市的记忆和印象相联系，就像"天安门"之于北京，"埃菲尔铁塔"之于巴黎，"自由女神像"之于美国，城徽"母狼"之于罗马或者"美人鱼"塑像之于哥本哈根……（当然，绝不仅限于城市雕塑艺术）。公共艺术在给城市及其公共场所带来鲜明的视觉印记的同时，也陶冶着大众的文化心性及市民人格，彰显了一座城市的无言的风采和特有的气质。

一、城市印象和文化的标识

（一）城市广场的灵魂所在

历史表明，城市广场的来源，早期是供各种货物销售贸易的集市、货栈，或者是供人们集会、议事、举行庆典以及操练和检阅军队的中心场地。更早的原始时期，它通常是一个部落或者家族聚居地中的围场空地。现代城市的广场，因为城市历史及其性质的变故，其职能类别与规模形态都有了诸多的变化及发展。它有可能是一座城市的几何中心和交通干道的发散中心，也有可能是作为城市中重要的社会公共活动的聚集场地或者是行政、司法机构和公共事业机构集中的中心地块，还有可能是商业、娱乐、文艺表演及休闲观光的中心场所，或者是具有某些综合功能和性质的公共场地；其中有的是在当代城市的改造与扩建中得以兴建，有的则是因为具有历史上的成因及功用而得以保留到今天。

在历史上，不管是在雅典、在罗马、在佛罗伦萨，还是在巴黎，其主要广场的周边都是以当时最重要和宏伟的公共建筑群、公共设施以及公共艺术作品与之相匹配。其周边总是围绕着教堂、神殿、大会堂、音乐厅、剧院、图书馆、交易所、商场以及娱乐处所等，使得广场成为城市的"大堂"及"会客厅"。客观来说，尽管在近现代城市中增加了很多不同功能的各种公共建筑，但是在欧洲许多国家的城市广场在经历了不同时代的风雨以后，仍然担当着它以往的城市"公共会所"及"市民舞台"的角色，聚集和散发着城市生活的激情与活力。

广场往往是人们驻足观赏城市建筑景观或公众进行休闲娱乐及社会交往的最佳场所，它是由不同功能、不同样式和尺度类型的建筑实体所构成其场域的界面。广场通常是城市和社区布局中重要的节点位置，在那里往往具有比较开阔的视野及比较完备的公共设施。广场是城市及其各大主要区域规划的结构中心和社会公共生活中心。特别在西方那些具有悠久历史和传统的城市，广场成为市民生活的舞台，各种人际的交往、各色交易活动和公众意见的传播通常都产生在这露天舞台之中。基本上每一座广场都不同程度地有着属于它自身的动人故事。历史城市和社区的很多辉煌和沉沦的悲喜剧，通常都在这些城市的广场和街市上演。广场基本上已经成为城市的心腹或者眼睛，城市的历史和沧桑都由它来演绎和见证。

广场可以说是作为城市空间结构及其功能的需要而存在。同时，它也是人们的城市生活方式及城市精神的有机产物。广场在现代城市中，不再是君王和贵族检阅其军队及臣民以及举行祭祖拜神的地方，也并非其表彰战功和家族统治之辉煌的地方，而渐渐地成为市民及旅游者们表演、休闲、交往、娱乐、观光、消费的集中化场所。广场成为反映民意和民情的聚散地，成为城市社会中引人注目的大众信息、新生事物以及时尚风情的平民化舞台；成为老年人休息调养、少年儿童结伴游戏、青年人聚会娱乐或者议论各种事物的公共空间。

一座城市的广场数量及其尺度大小，应该根据城市人口数量的多少和城市的特性以及其他条件（例如其经济、行政、地理、交通、文化以及历史地位等因素）而定。针对广场的总体形象来说，其自身的基本形貌，周边建筑形态及自然条件（也就是它们的造型特点、地形地貌、空间结构、各类建筑体以及不同植物的质感、尺度、色调等因素），都会影响到广场的形象个性与气质，并成为构成广场整体风貌的要素。与此同时，在广场上和周边范围中有着十分明显的审美和标志性作用的美术作品以及景观设计，毫无疑问更加成为引人关注并与人们的情感经验有着更加直接的关联。所以，这些公共艺术作品就一定会成为广场文化精神的重要载体与公众视觉的凝聚点。

尽管在中国城市中作为特定的有着市民意义的广场的出现，还是当代的事情。不过，在20世纪的晚期，特别在进入21世纪之际，因主要大中型城市的人口和城市规模的快速增加，社会经济规模的较大增长和新的市民文化形态以及公共场所开发的需求，城市广场及其文化内涵得到了前所未有的关注和发展。十几年来，中国大约多出了上千个具有一定规模的城市中心广场（或者城市的分中心广场）。这从城市建设历史的意义上看，可以说是一种巨大的变化及重要的进步。它对于城市社会的公共生活、商业、交通、绿化、公共设施、城市景观、旅游以及公共艺术等方面的建设，都具有前所未有的影响和带动作用，它已经发展成为城市有形的功能需求和无形的社会精神生活中必不可少的基本建设。在诸如北京、上海、深圳、大连、珠海、青岛、广州、西安、重庆等很多城市和地区，先后建设了不少不同性质及主题性的城市广场。在中小城市乃至很多经济比较发达的乡镇地区，广场的建设也随处可见，并且欲使其成为城市的“名片”和展示地方实力和特色的“窗口”。在很多广场和周边均设立了一些以“城市雕塑”为核心的艺术设计，或者配有园艺、壁雕、水体、照明、地面装饰以及供公众休闲、体育健身及公共卫生需用的设施。从而为中国现代城市生活初步打造了一批具有一定文化和艺术气息的公共场所。因为当代大都市的建设中楼宇林立，楼层增高，密集型的城市空间常显得拥挤不堪，令人窒息。所以，建立必要的广场在合理安排建筑节奏、留出呼吸空间以及追求绿色生态效应上都是非常有必要的。但是，在中国城市大量兴建广场和引入“城市雕塑”等艺术设计的发展过程中，有不少值得我们思考的问题。这主要集中于广场概念和功能的定位、广场的文化内涵及其公共艺术的特性和价值意义等方面。

对广场加以定位的话，大致可以分为两个方面，一方面是功能性定位，另一方面是观念性定位。定位就是为了满足和适应广场所在的城市区域和广场周边社区居民活动的差异性需求。也是因为这样，广场就存在其差异性的设计定位和各自文化内涵及风格倾向上的特征，并要考虑到公共艺术作品和所在广场的性质、用途及其文化历史内涵的某种内在的联系。例如在公共行政机构比较集中的市政中心广场，通常定位是纪念性和庆典性广场，其整体氛围和艺术品的营造上通常侧重于庄严、稳重、典雅、雄伟及壮丽；而在附属于各类商业活动比较集中区域的广场，通常定位是多功能性、娱乐性的广场，其风格定位通常趋向于大众情调和多样性的浪漫情致，其艺术氛围的营造基本上侧重于轻松、热情、诙谐、精致以及时尚的感受；在文化科技教育中心和文化游览中心区域的广场，通常定位是文化性和艺术性广场，其氛围设计及艺术品的情调基本上侧重于高雅、深沉、抒情而富于文化的哲理和个性化的特征，从而唤起人们对其自然及人文内涵的认知和记忆。例如在住宅生活为主的区域的广场，其定位基本都是休闲性和生活娱乐性的广场，其功能和氛围的设计通常侧重于实用、方便、安逸、清新、舒适以及生态化，其艺术品的文化追求倾向亲和、幽雅以及趣味化，或同社区的文化背景产生某些关联而使其融入社区的日常生活环境里。

不过，类似上述概念性的设计定位及有关艺术表现基调的类型化表述并非代表着要使其成为某种空泛的模式或者俗套，而主要是对一些新建广场定位的一般性认识。最终在具体的创作实践中还是需要认真面对，并尊重具体环境对象的具体要求及实际条件（例如水土、气候、风俗、地貌、人口以及建筑环境等因素）。除此之外，广场艺术设计定位的内在依据为由城市和社区的历史积淀及当前情形以及未来发展的需要所决定的，是建立在对特定城市、特定地域环境中的公共社会生活以及经济条件等特点的理解之上的。而且，有不少城市的广场形态是由很多历史因素所决定了的，无法随意地进行改动或者添加，更何况现代城市的广场艺术设计存在多样性和制约性，不是只凭一种概念化的经验或者流于模仿的“套路”就可以处理好的。在近十多年的城市广场营建过程中的一些基本经验还是值得学习和借鉴的。例如，建立以绿化为主的一些广场，要充分考虑到“以人为本”的原则，不能只是追求好看和气派。例如在北方城市多栽树多收荫要比表面的气魄和华丽更为重要。在一些主要供人们休息娱乐和观光的广场的设计和公共艺术的介入上，应多一些情趣和亲和，少一些威严和敬畏。在广场的面积及型制方面，应因地制宜和因财制宜，可大可小。可以选择以鲜明的人工化设计为主，也可以选择趋向自然化的设计为主；可以堂而皇之，也可以朴素无华；可以艺术品为显要的形象，也可仅以植物绿化及有限的实用设施为处理。其实用和够用是最基本的要点。同时需要强调的是，在建立城市主要的大中型广场的同时，不应舍弃和忽略那些与社区市民日常生活密切相关的小型街头公园、小区休闲游园以及各种便利实用的空场绿地的建设和维护，让不同形态的广场和园地相伴普通市民生活和娱乐。

但是，中国的不少城市广场多在没有充分考虑到所在城市的特性、文化习俗、人口数量以及自然地理条件的情况下，仅仅追求广场尺度的宏大、内设花样的繁多以及设施的排场，或者在广场的空间围合形式和周边建筑性质的组构上，没有充分考虑本地区市民的户外活动的习惯、方式以及广场文化生活的内容需要，而单纯地套用其他广场的样式、尺度乃至广场艺术作品的形式及内容。如此一来，当然很难生成广场自然而合理的空间个性和地域性的文化内涵。事实上，也更易于导致城市土地出现浪费现象，也可能造成本地文化资源的闲置。

广场的价值，不仅在于其在城市的空间节奏、交通疏散以及社会公共活动等方面的重要作用，还包括它自身的魅力，也就是它对公众的吸引力。广场的感染力及生命力体现在它可以让人们在其间产生和释放自己的想象、欲望及情趣，愿意独自或者与家人和友人休息、消遣并且流连于其间，徜徉在私家庭院所没有的氛围和情感之中，度过愉快、惬意的时光。所以说，广场并非是用来专门供人们看的场所，更重要的是用来为市民的社会公共生活及日常休息聚会等服务的。所以，建立在不同环境和不同尺度基础上的广场，往往倾向于行使某些不同的角色功能（休息、运动、演出、观光、纪念、展览、绿化），不过均肩负着使人们的公共生活更加适宜、方便和精彩的使命。使广场生活真正成为普通市民大众文化生活中必不可少的一个重要部分。

广场不仅是一种空间和物质的形态，它在城市生活中的魅力还体现在是否可以建立起与之匹配的广场文化与广场精神。在20世纪90年代中期中国城市掀起广场建设热潮之后，广场文化及其艺术（主要指的是广场上“活的”、流动变换着的公众文化艺术行为和活动）的建设就成了一个非常重要的课题。所以，除了广场上艺术品的陈设以外，它们能否与社会公众的情感生活及实际需要产生有机的对话及积极的互动效应，就成了当代广场公共艺术建设中所面临的一个挑战。因为，如果无法唤起市民的兴趣、愿望以及自觉的参与，或者不能有助于促进和培养市民的公共意识，那么，即便设立再多的广场艺术作品，其意义也是非常有限的。不过好在近些年来一些城市的群众组织、艺术家以及政府部门正在逐步关注广场公共文化活动以及广场整体品位的营造。

（二）城市街道的咏叹

街道是城市生活的踪迹线路，是人们从一个目的地到另一个目的地之间的连接空间，是动态生活过程的有形载体。尽管作为交通大动脉的主干道与商业区及住宅区的中小街道（及步行道）的功能与形态无法一概而论，在不同历史时期及不同的城市背景下形成的街道也都有其各自的成因及故事。不过，所有具有特点及个性的街道，都是由其独到的沿街建筑形态（特别是临街的建筑立面形式及其天际线）、植物、街道家具（公共设施）以及街市上人们流动的生活风情所构成的，特别是那些在建筑形态及社区生活方面极具个性化的样式与习俗的街道，都可以给人留下深刻的记忆或者感人的印象。

街道作为供人们生活、沟通、交易、观光以及消遣等活动的多样性、综合性空间，是城市的机理和脉络，对于城市日常生活与市民人格的培养及历练都是普通而重要的场所。将街道比喻成“城市的走廊”和“公众的河流”不无道理。历代人曾经沿着它从家庭走向社会，走向学校，走向教堂，走向商店，走向剧院，走向广阔的外部世界，走向不同的目的地。它的身躯、它的容貌以及它的表情都曾经给不同年龄段的市民及外地的观光客人留下了极其深刻的记忆。它总是给我们的外乡客人、文学家以及艺术家作为城市生活描述与众生环境写照的审美（或者“审丑”）对象。从世界历史的眼光来观察，“前公共艺术”（非当代特定意义的公益性及公众性艺术）在城市街道上的存在是十分久远而丰富多样的。在中国旧时街市上的建筑造型、牌楼石刻，民宅门楼的木雕图案、砖雕石刻、窗花隔断、石狮及石牌坊、街市道路的铺装，店铺门面的图案装饰，市井商埠的招牌幌子、灯饰色彩，古井古桥之围栏的装饰设计，面向街巷邻里的碑刻造像，场院的灶火戏台，拴马桩的雕饰，沿街祠堂以及庙宇的建筑装饰和陈设……充满审美创意与人文内涵的街道景观，都曾经是传统城镇街道中具有某种公共性的艺术景观。这都是城市现代化建设之前“艺术”介入街道社区景象的记录。

随着时代的改变，沿街的建筑形态、人口流量、交通工具以及生活方式都在不断地发生改变，现代城市街道的功能、设施以及尺度也随之产生了日新月异的变化，特别是在许多大型的现代化都市中，因为大量的汽车和高速地铁、轻轨车的使用，大量过街桥、立交桥、地下人行道、公路隧道以及市郊封闭式的高速公路的开辟，大量高楼玉宇的建造，使得以往供马车、人力车、自行车以及公众步行的街道（也是供街坊四邻及孩童们之间日常聚会玩耍的街道），俨然成为目不暇接、风驰电掣的车流世界。以往供人滞留、漫步、沿街落座小饮聊天、观览市井万象的街道生活情景在很多城市已仅仅能成为一种回忆。街头巷尾的不少转角处和空地都成了停车场和建筑材料或者垃圾杂物的堆放地。因为部分地认识到城市经济、人口、建筑和交通的高速度、快节奏的发展给街道生活及景观带来的压迫和其他负面效应，使得中国不少大中型城市先后专设了若干“步行街”（或类似的“文化街”及“商业街”等），它们基本都设在具有一定历史渊源的商业区或者旅游文化活动区，旨在找回人们在早先的自由和轻松的街道环境下悠然自得、从容不迫的生活感觉及节奏，力求在仿佛不可逆转的“汽车城市”及“汽车街道”的时代为市民找回一些比较宁静安逸、舒适浪漫的步行空间。例如北京的王府井步行街、天津劝业场步行街、上海南京东路步行街、哈尔滨中央大街步行街、苏州观前街步行街、深圳东门步行街等的设立，就是为了给市民以游乐、休闲、购物，使市民体味在集市街道的逍遥中“看人”或者“被人看”的自由、惬意的情形。

可以这样说，一定的数量且恰如其分的公共艺术对于街道的介入，能够给那些便于人们游走、滞留的街道以及“步行街”增添浪漫的色彩及公共文化的气氛。配置在街区道路沿线的雕塑、水体喷泉、壁画、建筑设计、照明路灯（包括地灯和其他装饰灯）、花坛绿化、地面铺装、公共座椅、电话厅、时钟、路牌标识、废物箱、护栏铁艺、橱窗展示、店面门饰、霓虹灯广告以及旅游纪念品的设计展示等，都有可能成为公共艺术创作和传播的天地。在那些充满着生活气息和消费时尚的街市或者社区悠然静谧的道路沿途，因为公共艺术的有机介入，将使得街市生活更加富于温润或者浪漫的人文情致，也有利于街道景观形态的识别与记忆，特别是有利于营造和提供那种方便于社区居民户外休闲和交流的理想场所以及精彩的街道景观（图2-4-1）。客观来讲，在人们的行为及心理上将一些街区路径只是作为迫于无奈或者无所感知的空间，而将一些街区看作流动中感官和心灵体验的风景线，其中，公共艺术设计对街道形态介入的成败得失通常占有重要的地位。

图2-4-1　集实用功能与视觉表现于一体的时钟装置（天津火车站附近）

从空间关系的角度来看，城市道路两旁是否适宜安放公共艺术作品和艺术品，与市民的活动方式之间是否能够达成良好的亲和关系，其关键之处在于需要使步行道与建筑之间留有一定的距离（执行街道地块的规划控制及实行沿街步道近旁空间的合理利用），从而使人们可以在一些由沿街商店、酒吧外拥有一定的休息娱乐、餐饮聚会以及观赏街景的室外空间。还有一些尺度比较宽裕的步道两旁由绿带树荫构成的半围合性的空间中，也通常是安放公共艺术和小团块景观艺术设计的理想场所。不管是为了便于市民的城市生活、繁荣城市商业经济，还是为了营造轻松、平等、亲和的街市文化氛围，都有必要在有条件的道路沿线规划或者整改出可供市民户外逗留和休息的空间，再配以必要的绿色植栽，从而为公共艺术和市民的街道生活以及商业消费环境的结合提供一定的基础条件。

但是，20世纪80年代，我国的城市规划及此前在计划经济条件下造就的街道形态中，沿街的建筑群落基本都是以市民的住宅用房构成，即便部分临街楼房底层开设一些商店，也不重视户外环境的空间规划及美学设计，基本都是处于各自为政甚至杂乱无序的状态。街道景观的艺术美及人性化设计，在很大程度上由其街道两边的建筑形态及其业态的经营管理状况所决定，街道公共艺术的建设及其效果也在很大的程度上由街道本身环境的规划和管理质量所决定，这一切应该是整体化的协作关系。不过，直到今天，我国大部分城市的街道两边，往往存在着许多在尺度、材质和造型上纷杂各异的围栏或围墙。这些大量用于围挡的墙体，一方面，占去了许多应该用于公共交通、绿化和沿街休息的空间；另一方面，遮挡和阻断了街道景观的视野并拒人以围栏之外。使得一些街道沿线的景观成为在一个个“单位”“机关”的私家围墙夹持下的封闭性通道，给人一种单调、闭塞、冷漠乃至紧张及恐惧的感受。沿街的建筑立面的造型、色调通常纷杂不已，再加上街区卫生不佳及商贩管理不善的严重问题，使得城市街区景观实在很难朝着艺术化、人性化、生态化的方向发展。这在景观美学、视觉心理和街道的规划管理上都是应尽量避免的。它们对现代城市生活的改善以及亲和、美好的城市形象的建立是不利的。出现上述现象主要是因为我国现代城市化进程较慢、社会内部的协调以及沟通较差、社区规划及治安水平的不平衡导致的，并说明我们的市民素养及社会公共契约的认知有待大幅度地提升。其实如今这些问题在很多城市中还是以不同的程度存在着，这也是人们在城市街道公共艺术建设中应该整体考虑与改善的相关内容（也即强调造物、造景和改造人的有机结合）。事实表明，如果只是以艺术本身的问题为关怀对象，公共艺术的美学效应和文化效应则是很难获得成功的。

街道公共艺术的实施过程中，不得不需要特殊强调的几个方面的基本关系为诸如公共艺术设计与其周边建筑环境的历史风格和当代文化风尚的对应关系、公共艺术与特定街道的功能属性以及人们日常生活的行为方式（及习俗）的对应关系；公共艺术与特定街区的企业团体及居民社群的共同利益需求的关系；公共艺术作品与街道绿化及必备的公共设施建设的各自需要程度及资金投入比重的关系等。处理与协调好这些关系将有助于公共艺术与街道的路人及沿线社区居民间产生良好的互动效应，并使其成为塑造美好的街道环境、激活“街头文化”（如市民自发在街头公开表演的音乐戏剧、美术、舞蹈、“活动雕塑”等其他演艺及文化娱乐活动）的开展，从而培养大众自由交流的能力及习惯，陶冶市民的性情。

实际上，我国城市道路的公共艺术建设方面，很明显存在着不少误区及弊病。例如，街道公共艺术的设立与城市街区（及社区）的文化和历史缺乏应有的对话关系；缺乏艺术构思的原创性，时常会出现因袭之风；欠缺与街道整体环境和就近建筑性质及功用的对应与和谐；缺乏公共艺术设计与街道中流动或休息状态中人的行为方式及需求的合理对应、欠缺与塑造街区整体景观形象之方案的整合，使其具有可延展和累积的长期性公共效应。特别需要指出的是，因为地方的行政和技术决策程序、社会参与的程度和相关法律法规的建设上存在的问题，而使得在我国不少城市新建（或者改建）的街道景观艺术以及具有历史文化价值的古旧街道艺术景观的维护和利用上，总是面临着一些带有普遍性的严峻问题，也就是一些地方政府的有关决策人，总是不能负责任地、战略性地处理好发展地方经济及城市化建设和保护城市历史文化遗产这两者之间的关系。所以，出现了大量乱拆乱建的现象，使得具有非常高的文化价值及公共艺术价值的历史建筑群（其间存有大量优秀的、不可再造的艺术文物精品以及历史文化信息）乃至整条历史性的街区毁于一旦。或是由于现代建筑景观和公共艺术项目的硬性介入——对历史性街道近乎粗暴地割裂和急功近利般的草率堆砌和拼凑，破坏了原有街道的历史形貌和文化韵味，使得“新”和“旧”的环境氛围支离破碎或者两败俱伤。当代公共艺术的建设与创造，不应该也没有必要以丢弃一个地区（街区）的文化历史及当代环境文化的多样性为代价。显然，这种类似于数典忘祖或者“文化快餐式”的做法与城市街道公共艺术建设的根本精神是相悖的。

街道公共艺术的建设与广场公共场所的情形比较类似，一个同样关键之处就是兴盛它的“活”的艺术活动，使街头自发的文化艺术生活兴盛和活跃起来。从古今中外的街市文化经验（特别是现代国外街道文化生活的现实情形）来看，在中国传统的城市社会中，街头艺术也曾经有着悠久的历史，诸如吹奏、演剧、弹唱、杂耍、武术、面塑、龙灯、戏法、秧歌、评书、高跷、大鼓、书法等表演，再如我们在当今西方国家和近邻的日本、韩国等的城市街头所看到的各色器乐和打击乐的自发性公开表演、街舞、歌舞、杂技以及戏剧演出那样，对于丰富市民大众的业余文化生活、发展市民社会的自娱自乐和展现市民大众的审美文化创造活力，是非常有益和必要的（图2–4–2）。它们构成了市民社会中生动、真实而非常富有生活气息的艺术场景，并汇聚成由众多艺术活动的参与者和接受者组成的社会源泉。市民们一方面可以在各种各样的街头活动中享受公共社会的生活乐趣，另一方面也可以借此培育自身开放的文化心理。而街区公共艺术的产生及目的，也应该是对市民街头文化艺术生活的礼赞和应和。他们二者之间的相互关系是体验和表现，或是生活和升华的关系。实际上，只有市民大众的经常性、公开性及非商业性的街市文化活动的蓬勃开展，才会真正使得各类型公共艺术的存在成为市民行为方式的自觉需要，也就是只有使静态的艺术作品与自发多样的市民街头文艺活动情景相辉映，才能真正树立和培育起城市街区生动、真实以及持久的公共文化，并更加展示出街道公共艺术的社会文化基础与活力。

图2-4-2　国外艺术家来华街头表演

简单来说，街道上的公共艺术不只是一种街面的点缀或者可无可有的摆设，它应是伴随着街道生活的文化历史与现实中游人的心境而“行吟”的“诗人”与“活的歌唱家”（图2-4-3）。

图2-4-3　街头表演的“艺术家”雕塑

（三）城市公园的行吟

现代城市的人性化和生态化建设之中，经济和人口发展中的城市越来越看重公园的角色地位及其功能作用。与此同时，人们也越来越关注公园的环境品质及人文意蕴，在这期间，公共艺术在现代公园的整体环境设计中的地位与作用，也必然会受到前所未有的关注。

公园在旧时是私家的花园或者庄园，是农耕时代向商业及城市社会转换过程中渐渐形成的产物。它在西方的出现和完善，也基本是伴随着近代资本主义社会及其公共福利事业的发展而产生的。它成为城市市民（纳税人）休养、社交、游乐的公共场所，同时也是市民们的“公共绿野”或者“都市村庄”。它一方面是城市人类意欲“回归自然”、调节城市生态状况的一种文化象征；另一方面也是作为对城市工业化所造成的城市“车间化”和“钢筋水泥世界”的一种补偿。

公园对于普通大众而言是举行丰富多彩的公共文娱活动或举家休闲放松的场所；对于现代城市来说，是一块游离于公共空间上车水马龙般的拥挤以及工作上快节奏高强度竞争的城市生活的“飞地”，是连接自然及储放新鲜氧气的“城市之肺”。一处良好的公园对于修身养性者而言是一处非常难得的城市田园；对于风华少年而言是自由徜徉和嬉戏的乐园；对于学者、诗人而言是阅读思考的佳园：对于年迈体弱者而言是休闲康复的福地。所以，一座城市（特别是那些匮乏自然山水景观的城市）如果没有若干为市民们称道与喜爱的公园，将难以被称作适合生活的良好城市。起码对少年儿童和老年市民及旅游观光者来说是这样。客观地讲，建立不同形态和功能的公园俨然成为营造现代都市生活与公众福利社会的一个不可或缺的重要内容。

中国的一些大型和中型城市在20世纪90年代中后期，利用本地区的自然景观资源或者人文资源特点，相继建成了一批主题性的公园，例如各种森林公园、植物公园、动物公园、园林公园、海洋公园、民族（或民俗）公园，或者以名人逸事及各种历史遗迹为题材而进行设计的公园，还有的是以近些年来城市现代化建设中形成的都市建筑景观为主体的开放性城中公园。这些公园中占地面积有的已经超过了千亩乃至万亩，这种规模在国内是前所未有的。而且，另外还出现了一些以艺术品和自然景观元素结合的“雕塑公园”。因为一批设计较好、环境较佳的公园的出现，使得公共艺术作品的介入有了更大、更理想的空间。公园规划中对艺术景观的重视程度也比以往更高了。如今国内的一些城市公园及其公共艺术建设的情形，已给人们留下了比较深刻的印象。

北京红领巾公园始建于20世纪50年代末期，占地约40公顷并有20余公顷的水面，这里在20世纪50年代是一处工业铸造加工的厂区，周遭环境和生态条件非常差。20世纪80年代末和90年代初在市政府主持下对公园先后清淤改建、修湖造林，并在当时将16组人物雕塑（例如刘文学、刘胡兰、雷锋、卓娅等一批青少年烈士肖像雕塑）安放在公园，辟为“青少年爱国主义教育基地”以彰显革命传统教育的“宏大叙事”，使其符号化地成为一个时代的缩影。随着社会与城市文化理念的发展以及青少年素质教育概念的拓宽，给这样的主题性公园又一次与环境景观的再造和新型公共艺术的结合赢得了历史的机遇。在当代艺术家特地为公园设计的环境与艺术作品中，更多地彰显了青少年与儿童们丰富多彩的生活气息及情感意趣，其中的艺术作品力求与具体环境和使用者特性保持非常密切的关系。当代公共艺术的介入的确给这座专为北京市青少年和儿童设立的公园获得了新的意义与人气，获得了具有某些时代风尚的文化品位。使人们越来越深刻地意识到，公园和其他公共环境中公共艺术比任何博物馆式的架上艺术都更能够体现和反映一个时代的艺术特征及总体水平，更加真切地折射出一个时代的普遍文化心理。

在这一次以“北雕研究室”艺术家群体为创作主力的“红领巾公园公共艺术展览”中，雕塑艺术家们给自身提出了必须面对的一系列过去在个人“纯艺术”创作中并未考虑的问题，例如什么是公共艺术的特征及文化特性；公共艺术中艺术的创作个性与艺术的公共性的关系是怎样的；公共艺术作品与所在环境（人文与自然环境）的有机关系是怎样的；公共艺术与接受者的关系是怎样的；公共艺术的地域性与当代性的关系是怎样的；艺术家的创作自由与投资（赞助）方的特殊需要的关系是怎样的；公共艺术的社会教育及启蒙性与大众娱乐消遣需求的关系等方面的问题，使得艺术家用近乎学术的态度去进行思考和实践。一方面，艺术家们认识到作品的“此在性”及诸多因素的规定性，尽量在现有物质条件和聆听公园方面的需求下努力处理好艺术作品与特定环境和青少年受众特性之间的关系。另一方面，在观念意义上要着重注意公共艺术概念所具有的包容性、多样性及其文化精神的体现。正如参与活动的策划与创作的艺术家所意识到的那样，“‘公共艺术’‘环境艺术’的概念，其内涵与外延比‘雕塑’要大得多。就如同一部汽车，一个方向盘或者一个齿轮是不能称作‘汽车’的，相对于公共艺术而言，雕塑只能说是汽车上的某一零部件”（许庚岭）。换句话讲，不仅重视作品在既有条件及需求下实现其艺术语言的追求，同时还努力强调艺术在面对特定公众的心理和物理需求时的可对话性与适应性。在一定的层面上去实现公共艺术对一般雕塑的独立自足目标的超越，以至参观的人们在诸如《芽形座椅》（图2–4–4）、《风向标》（图2–4–5）、《异型路灯》（图2–4–6）、《蘑菇座椅》（图2–4–7）等作品及其与环境的协调上领略到艺术的内在追求及其文化的公共性与时代性。相对于过去的那些重在纪念性，或流于程式化、宣传性的艺术而言，明显展示出它们的风趣、亲和、浪漫、纯净的艺术魅力以及平民化的文化意趣。给新时期的主题公园增添了活力，并由此取得了良好的社会效应与环境效应。

图2-4-4 《芽形座椅》

图2-4-5 《风向标》

图2-4-6 《异型路灯》

图2-4-7　《蘑菇座椅》

除了围合式的专门性质的公园以外，可以结合市民日常生活需要的沿街开放式公园对于城市公共场所与景观文化的建设也是非常必要的。北京市在这方面下了很大的功夫。在2001年4月开始兴建到9月底竣工的“皇城根遗址公园”就存在一定的典型意义。公园位于北京明代皇城东墙遗址（紫禁城与王府井大街之间，总长度为2.8公里），是一条贯穿南北的带状街心绿化公园，并作为王府井大街北端之市政、交通、景观以及人文环境整改建设的重点项目。在落成的公园沿线，选取东安门、中法大学、南北各端等节点，运用复建小段古城墙、挖掘展示部分地下古城墙基和设立若干公共雕塑艺术作品的方式，唤起人们对于北京古皇城和近代历史风韵的回顾，延续城市的悠久文脉，弥合北京完整的古城形象。公园沿线开出了宽约29米的园艺绿带，铺设草坪6800平方米，其间分段设立了供周边居民或游人休息和观光娱乐的各种公共设施，并对公园两侧的街道建筑及景观形态进行了整体性的整治，例如围绕原中法大学、欧美同学会与一些留存较完整的传统四合院等景点进行重点规划及利用，使其与沿街的皇城根遗址公园的整体景观设计相互协调与融合。为了适当地营造公园的人文气息与艺术氛围，并使公园与所在地的特定城市环境和历史背景发生一些关联，除了设立了一些具有本地市民文化韵味和表现诙谐、轻松的雕塑（及壁画）作品以外，公园在与“沙滩”附近的“五四大街”交叉的节点处（毗邻20世纪早期五四新文化运动策源地和老北京大学的校址）设置了一处追忆相关历史内容的纪念性公共雕塑作品，点明或者增添了此街区的一丝历史感（图2-4-8）。皇城根遗址公园的建设过程结合并且完成了绿化环境、完善市政、改善交通、展示历史、带动“危改”（共拆迁和安置居民

900多户，单位200多个）和促进城市公共艺术建设的多项目标任务，综合效应良好。

图2-4-8　公园中老北京街巷生活残片的回忆

北京明代城墙遗址公园于2002年9月底竣工开放。它坐落于京城偏东南部，通过精心的规划设计和大工程量的迁移、修复、整理以及植栽等过程的努力，使得明城墙遗址成了北京迎来新世纪的一处重要的文物保护新作和公共艺术的景观。

作为北京迄今为止规模最大的文物保护与环境整治工程，整个公园以明城墙这座独特珍贵的古代建筑艺术景观为核心，以朴素淡雅的公共绿化带为衬托，树立了一处不可多得的历史和再生性设计相兼容的公共艺术工程。使其收到了保留城市历史古迹、整治街区环境、美化市容以及改善民众生活条件的综合效果。这种开放式的沿街公园的建立，尝试着一条使文物保护、道路建设、社区改造、开辟公共场所以及完善城市公共景观艺术建设诸方面相整合的路子。与此同时，也给人们发出了提醒，公共艺术的创建不一定就是大量树立崭新的城市雕塑，而所有可资利用及发挥的城市文化遗迹、文物以及具有独特艺术价值的街市景观、“城市家具”，通过巧妙的“二度创造”都有可能成为独具新意的公共艺术佳作（图2-4-9）。

图2-4-9　北京明城墙公园古城墙（局部）

在北京获取了2008年奥运会举办权以后，在对其市政和环境的规划与建设方面，加速了发展进程。在2002年的9月，向市民开放了改建后的菖蒲河公园，它是继“皇城根遗址公园”等景观项目落成以后的又一项保护古都风貌、推动旧城有机更新的重要工程。菖蒲河公园地处首都长安街天安门东侧，过去是皇宫护城河系的延伸部分及宫城的沿街要地。据记载资料显示，菖蒲河原名外金水河，为皇城内的重要水系，它源自皇城西苑中海，自天安门城楼向东，沿着皇城南墙汇入御河。在20世纪50年代之后，政府部门为了解决天安门节日举行庆祝活动所用器材的堆放问题，将劳动人民文化宫以东到南河沿的菖蒲河加上了盖板，在上面搭建起仓库、民房，从此以后，菖蒲古河从露天的“明河”变成地下的“暗渠”。为了再现古皇城的历史文脉，改善社区环境和文化形象，东城区政府在社会多方的配合下在同年3月启动了菖蒲河公园建设工程。在此期间，拆迁了简陋住房605户，单位38家。通过综合治理和重新设计，终于使其成为一处水色秀丽、名木花卉荟萃、红墙环绕、古建筑和户外艺术品聚集的精品园林，成为一处供公众休闲娱乐的免费公园。在近1公里沿狭长河岸延展的园林中，集古建筑、树木、花坛、河渠、古桥（图2-4-10）、雕塑、回廊、文娱会所为一体，部分恢复了老北京文化景观的韵味。景观在为本地周边居民和大量外省游客提供了典雅优美的休闲去处的同时，在改善和提升北京城市公共环境和公共艺术景观的品质上也起到了良好的效果和感召作用。通过迁移和重新安置，也使上千户原居民和办公单位的居住条件得到了很好的改善，可以说是一举多得。值得提及的是，在公园对大众免费开放的时候，政府部门强调与社会的对话交流，在现场就菖蒲河公园整建前的社区历史状况、整建的意义和现有成效向公众作了图片及文字的展示汇报，它部分起到了政府与社会以及景观艺术设计和公众之间较好的沟通和互动的作用，可以说是如今少有的公共景观艺术的实施个案（图2–4–11）。

图2–4–10　古桥

图2–4–11　菖蒲河公园整改工程公告栏

2002年，在新整建的北京城西玉泉公园范围内，举行了一届盛大而引人注目的“2002中国·北京国际城市雕塑艺术展”。它由国家文化部和北京市政府联合举办，由首都城市雕塑艺术委员会、北京市文化局、北京市规划委员会、石景山区政府具体承办，并由北京雕塑学会、全国城市雕塑建设指导委员会、中国工艺美术学会雕塑专业委员会和中国美术家协会雕塑艺术委员会参与艺术指导，成为由市政府、社区行政机构、国内外艺术家及社会人士参与的大型公共性艺术活动，使迄今为止规模最大的城市雕塑艺术作品群在首都北京安家落户。参与该雕塑公园创作的，包括来自欧美、亚洲等不同国家的几十位艺术家以及以北京为主的我国艺术家，很多以现场的创意制作手法为公园创作了一批在艺术造诣上有着高水平、艺术风格及审美意趣上多样化、题材内容与表现手法上丰富多彩并与观众交流互动性强的雕塑作品。一共展出了被收藏作品140多件，立体性设计方案110多件。它们中的大部分作品将作为保留项目永久性地安置于玉泉公园中，作为公园整体环境景观中的一个重要组成部分，将公园的整体设计和特色定位与公共雕塑艺术的置入予以同步考虑（图2-4-12）。这种把具有公共性质的艺术展览与公园建设的长期目的相兼顾和整合的做法，在国内尚处探索阶段。与此同时，在公园内还举行了中国近半个世纪以来的部分雕塑艺术的文献性回顾展览，使参观游览者有机会了解中国雕塑艺术的里程及其文化形貌的概况。在此期间，艺术展览及公园的开放情景引起了很多大众媒体的参与及报道，引来了社会公众的广泛关注和评说。

图2-4-12 “2002中国·北京国际城市雕塑艺术展”作品

在此期间，不少社会人士在肯定这项艺术活动的同时，对开展中国城市公共空间的艺术建设作了发言。此次活动的策划人、艺术家中有人认为，中国还是缺乏严格意义上的公共艺术活动，不过应该使其作为我们当代城市公共文化生活及环境改造的重要事项来推动。并且指出，雕塑艺术不要只是集中于公园里，应该使其更多地融入城市生活的不同环境中去，营造出美好的城市文化艺术氛围，使更多民众可以参与其间，并且可以享受到艺术的愉悦。很明显，这次活动不仅在城市公园和城市雕塑的建设上具有积极的现实意义，并且也促使社会对于更为广义与深入的城市公共艺术的建设问题予以更多的思考。

当代公园及其公共艺术建设是一个十分重要的使命，使市民的身心修养和文化修养活动得到良好的环境支持，并且使城市的生态系统得以维护。建立在上海市西南部的大型公园"东方绿舟"，在城市的生态养护及市民大众的旅游、文娱、公共艺术展示和知识性教育方面，具有比较典型的意义。"东方绿舟"公园是在21世纪初建成的，其占地总面积为5600亩，西连淀山湖，水域浩渺，植被苍翠。公园把自然环境与地方人文环境有机地进行结合，展示出了一幅富有当代气息的国际大都市的田园画卷。近4公里长的湖滨大道依着辽阔的淀山湖岸一侧延展；约17万平方米的草坪绿地四季常青；游客徜徉在林木、绿地、古桥、奇石中，或泛舟在湖泊和苍翠的绿岛之间，可以充分体会到自然环抱的生命韵致和魅力。非常引人注目的是，公园内24米宽、700米长的"知识大道"两侧布置了160余件雕塑和装置艺术作品，其中大部分是古今中外著名的哲学家、科学家、文学家以及艺术家的塑像和艺术装置，为市民阶层，特别为广大青少年学生的课外教育活动提供了高质量的视觉化和艺术性的学习素材（图2–4–13）。另外，诸如公园内的"地球村""植物生物区""船模区""趣味世界""少年广场""儿童乐园"以及"军事科技馆"等公共活动场所的景观规划和艺术性的设计，体现出了如今中国超大型综合性公园景观艺术设计的水平。在此期间的公共艺术作品成为公园人文景观和传播"卖点"的重要部分，给人一种知识美、艺术美与自然美结合的总体感受。成为整个上海地区现代建设的一道亮丽的风景（图2–4–14）。

但是，迄今为止，中国也有不少城市的公园缺乏管理，服务市民的意识较弱，始终将公园里的一部分和公园周遭街区租赁给各类商业摊贩作为集贸市场（或者租赁给一些行政机构作为办公场地并且造成各类汽车驶入公园里），使得公园景区及附近街区内出现了一派凌乱、龌龊乃至破败的景象，失去了公园内部和周边环境应有的宁静、幽雅以及整洁的情景。这种现象即便是在北京著名的天坛、地坛等公园附近的景区也曾是见怪不怪了。在很多大型城市的公园中，总是存在着过量的、管理不当的商业摊点（如各种缺乏筛选和专业化管理的餐饮、小商品、旅游纪念品摊点）以及杂乱的娱乐设施（各种供少年和成人玩耍的机械类或者电子类的各种娱乐设备），它们的设立主要是从公园的经济效益及票房的“卖点”着想的，然而从许多现实的情形来观察，它们非但没有为公园产生长期的经济效益，反而因为这些商业摊点及娱乐项目的介入，使得公园的基本特征和功能（供游人休闲、观赏、学习、思考、交谈以及健身等活动）和公园景观的美学品位（其景观实体的构架形式和综合因素所构成的景观意境）遭到了不同程度的破坏。客观地讲，在这样的公园内，不管如何设置高水平的公共艺术作品，都不可能创造出美好的景观效应。整体环境的基本品质（包括人的活动所促成的环境效应）以及良好的场域文化氛围，是成功实施公共艺术建设的必要条件。

图2-4-13　上海“东方绿舟”雕塑园公共艺术

图2-4-14　上海“东方绿舟”景观（局部）

除此之外，我国各个城市中的一些公园还应实施免费开放。这是国家及城市发展以后市民生活与公共利益的基本需要和普遍需求，同时也是反映国家及城市形象的一个重要方面。例如我国的一些城市开始建立一批取消收费的公共厕所，旨在方便公众和为城市社会的公共生活所服务，所以广受公众的好评。众所周知，在国外一些比较发达的国家和城市的很多公园、博物馆均为免费的和公益性质的，即便是一些国家级的博物馆、美术馆也会定期免费向公众开放，旨在将社会资源和文化艺术的利用尽最大可能纳入社会公共福利范畴，从而服务和满足广大纳税人的迫切需要，与此同时，还可以提升国家及城市的形象和文化生活品位。实际上，也只有这样一步一步的努力，才有可能让更多、更精彩的文化艺术以及环境设施服务于社会公众。从而提升全体国民的生存和生活品质。

如今，在城市中，商业经济、大众消费及与其相适应的商业文化及大众文化越来越兴盛。这是当代城市整体文化形态中的一个不可忽视的重要组成部分。可以这样说，如果没有社会大众的现实需求和市场的繁荣，没有公众的生活激情及广泛参与，就不会有当代城市的生命活力及公共艺术文化的兴盛。应该说，大众的消费活动及文化活动是城市发展的双翼，它们支撑着物质生产和交换的市场，也培育着公共社会的审美文化和精神创造领域，并且也正是那些可以和公共社会发生广泛且深刻的联系、可以使其融入普通市民和社群的生活内容和生活方式之中的艺术文化，才可能真正贴近和拥有公众，才可能在鲜活生动的城市生活中塑造出良好的城市形象及其公共艺术。

二、视觉传导和城市家具的美学

（一）视觉标识和文化符号

从特定的角度来观察，可以看到近代西方工业革命的历史实际上就是一部设计的历史。这里所说的设计，指的是人们意在通过对于物质形态及其功能的有目的的预设与改造，去实现人们预期的物态的功能和作用、使用者的心理作用、生存手段、资源效益、市场效益，还有展现理想社会的价值体系和文化意识。在之前的现代社会建设中，近现代技术竞争与商业贸易利益的驱动已经初步或者部分地实现了以工业设计为标志的经济效益与社会效益。人类进入21世纪的当代文化，往往被定义成设计的文化。这种现象和认识，很明显是取决于当代社会文化与产业结构以及人们的生活理念的深度转换的，并且设计的概念及其文化形态已逐步深入全球的生产、市场交换以及人们的日常生活需求中。它不仅对一个国家的物质文化、市场竞争实力有直接的影响，而且对普通大众的生活品质、社会心理以及当代应用美学领域的发展也存在直接影响。所以说，设计不仅意味着当代社会物质生活的基础性构造，更在于它担负着人类对于未来社会的智能、美学、幸福、人性化要求以及可持续发展的理想和实践的重任。

当代社会，那种简单地将设计看作功能主义、实用主义或者功利主义的观点俨然成为偏颇无知的认识。实践已经一次又一次证实设计已经成为国计民生赖以富足、合理及艺术化（文化化）生存的一个重要手段。特别是，现代设计将为社会大规模的公共物质利益、公共传播以及公共社会的审美文化等公益事业的落实提供有效的方式与系统化的服务。对于支撑当代城市社会的公共生活、环境秩序以及美学理想均存在实在的价值作用。事实上，人们越来越关注的城市美学讨论的对象和目的主要为城市的审美文化及城市形态的艺术化。它有关城市的文化品质和基本风格的定位，涉及城市运作功能和城市形象设计的系统化工程。而我们所说的美术，除了绘画、雕塑等被称为"纯艺术"的（这个概念是不恰当、不确切的）造型艺术以外，还包括那些与城市生活具有直接而密切关联的美术类型，例如传统的工艺美术、工业设计、建筑艺术、环境景观艺术设计、平面艺术设计、多媒体以及广告艺术设计等一系列美术的应用范围与形式种类的分支。事实上"美术"（在这里沿用历史性的称谓）的所谓"纯艺术性"和"实用性"是无法完全区分开来的，它们通常是显见或潜在地融合在一起的。当代城市公共艺术的物质形态与精神形态的并存就证实着当代"大美术"的兼容性和全方位性。

当代城市化建设召唤设计，呼吁美术为城市公共生活服务。迫切要求设计艺术在各个方面诸如功能、信息、经济、科技、文化等符合当代社会公众的生活与生产交往的需求并可以融入特定的城市环境及其审美文化当中，成为它们的一个有机的构成部分。具体来讲，每当我们出户旅游或者进行日常的社会交往活动而需要空间场域的跨越、转换以及滞留，或者需要借助于各种交通工具或者指示系统予以辅助时，都会让人感知到公共性的设计艺术的存在及其重要性。我们感受到在公共场域，不管是公共建筑、照明、车辆、道路、桥梁、标志物、通信、绿化，还是公共卫生或者安全设施、健身娱乐或者休闲设施以及整体的公共空间环境，都不可以缺失合理的、具有文化特性的设计和规划。当代城市公共设施的系统化设计，成了实现城市生活与公共空间的人性化及效率化运作的基本保障。客观地讲，上述涉及的城市公共设施领域的系统化设计，在视觉的"标识"

意义与文化的“符号”意义方面同时肩负着双重的角色与作用。一方面，公共设施作为视觉化的标识而存在，它们应起到能够供人们对于此在的、具体的目标对象、空间位置以及环境特性等进行有效的指代、引导与识别，提供给人们对活动于其间的环境形态以及功能作用的直接认知与帮助（如一处地铁车站或社区、商场入口的导视牌，一段具有可分辨性和引导性的路面铺装形式等）（图2-4-15）；另一方面，又作为一种文化性的符号而存在，它们可以在提供给人们以某种感性形式的基础上展现它们背后蕴涵着的某种特定的历史文化内涵及人文意蕴。成为直接或者间接向公众揭示其内在的文化脉络和时代风格的符号（例如某一时期流行的一种公共照明灯具的造型样式和装饰，或者某一时期通用的一种公共邮政信筒（图2-4-16）、公用休闲座椅等的设计美学风格）。换句话讲，成功且有效的“城市家具”的设计一定构成城市环境中不同时期的公共性功能设计与公共性文化理念的复合体。因为它们在行使其实用性的功能以外，还会从产品（也是“作品”）的设计开始到实际的社会效益方面都服从于社会公众的功能性和文化心理的需求，而使得具有普遍公共精神的城市家具成了当代城市公共艺术的重要组成部分。它们不仅为市民大众提供了方便、舒适以及美感，还潜移默化地影响着人们的审美观念及行为方式。将艺术和文化以生活化的方式渗透到普通大众的日常生活中。

不过，对于当代中国而言，艺术和公共设计的结合、艺术和城市公众生活的结合方面相比于发达国家还存在较大的差距乃至空白区域。即便是像北京这样的大都市，在城市公共设施的系统建设方面，在适应具体环境的功能和风格需求的产品设计与生产水平上都处于滞后状态。从近邻日本留学归来的专业人士的典型感触中就能够清楚地意识到：在那里的城市公共环境中要想找到一处没有经过设计的地方并不是一件容易的事，而在我们的城市里要找到一处经过设计的地方却是非常难的。这并不是危言耸听或者言过其实。简而言之，仅北京地铁内外的视觉引导系统和一般社区的公共标识的建立还是在21世纪初才渐渐地得到重视的，而此前的情形确实给公众带来了许多的不便，这在很多城市化和开放程度较低地区的城市中至今也还非常欠缺。这其实说明了城市基础性公共设施及公共意识的严重缺失，不利于广大纳税人应有的公共利益及人性化的关照。这种现象正在随着各级政府和相关职能部门的职责和规则的明晰，随着社会公益思想及政策的建立和完善，正在渐渐地得到改善与提高。然而距离满足普遍的需求与理想的水准，还需要一个漫长且持续努力的过程。它包括了制度建设、专业人才、专门机构建设的配套，还有社会各界在观念意识与社会公益的道德教育上的支持。

图2-4-15　道路导引看板（上海世纪人道旁）

图2-4-16　邮筒（日本东京）

（二）场所识别和公共传导

需要对行人及顾客提供有效的视觉传达和引导的场所有很多，例如城市的各社区、公园、博物馆、剧场、商厦、学校、公司、医院、车站以及各种公共机构的出入口处和转换处，场所识别和公共传导能够方便人们的出行、办公、交往、娱乐、参观以及学习等活动。给人们提供在不同的陌生场所和交通路口获得便捷、具有美感的可识别性导引物，抑或整体性的色彩体系和环境形象。

从如今国内的整体情况来看，在绝大多数城市的街区及各类公共活动场所都能够感知到用于公共场所视觉识别和导引的设施还非常匮乏和粗陋，缺乏大量的、高水准的艺术化的设计与应用。究其原因，出于这样几个基本方面：

（1）过去更为强调经济实体或者直接进行商业活动的单位及其专属空间的视觉导引的设置（其实大多是商业广告性质的视觉标示物），而基本没有考虑非商业化的公益性视觉传导系统的建设。这是一种经济效益至上和“各扫门前雪”的商业本位的表现。

（2）因过去较多地强调政府行政机构及其对外办公部门的视觉导引的设置（事实上也并不完备，并缺乏美学的引导）而总是忽略和轻视了社会公共场所视觉传导系统的建设，特别在基层社区更是这样。其实还是“大政府，小社会”的政府本位思想的某种外在表现。

（3）因城市公共场所总是归属各有关行政职能机构的多头管理，并且因各利益主体部门出现以自身需要为前提的现象，而对城市片区、各类公共场所的管理上大量存在着责任和权力的模糊地带以及相互矛盾和推诿的现象，而相当时间未考虑很多公共空间的视觉导引系统的建设。更没有使之在城市公共设施建设中制度化、规范化以及系统化。

（4）因不管在公共建筑或城市公共空间的设计方面还是在策划和管理者的观念上，都将公共视觉传导设计作为工程设计之外和之后的小事情或者作为无关紧要的事项。在供市民大众日常活动的城市公共空间往往由于在管理不善和片面强调经济利益而被大量侵占、挪用以及压缩的情形下，公共空间中视觉导引的艺术设计，当然被作为可有可无的事情了。

（5）因计划经济时代的遗风和某种既得利益关系的存在，使得一些原来负责提供市政设施产品的生产厂家未被真正纳入市场竞争机制，而在其产品质量与设计水平长期没有得到改进的情况下还是被政府部门采纳使用，从而降低了当代公共设施的产品质量及艺术设计水准，也对其他具有设计和创造能力的机构及产品进入该市场的公平竞争机会造成了一定程度的损害。

客观来看，想要提升与完善城市公共空间的视觉传导系统，首先在政府有关职能部门的认识与制度上，将其纳入城市公共空间的建设与管理的整体规划及法规中，并使其与城市整体的视觉形象和公共设施的建设进行整合配套，并立足于长期而细致的专业化建设和管理，使其在起到既定的社会公益性的功能作用的基础之上，广泛征集与采纳优秀的工业设计家及艺术家的成功方案，并且通过政府权力去组织有能力的厂家进行竞标与生产，使尽量完美的各类公共设施（如交通安全指示灯、普通的街区导引路牌、街道上的底下管线的井盖）的设计，成为城市物质文化与公共艺术的重要组成部分。为了创造科学化、信息化、人性化以及艺术化城市公共空间而充分发挥公共视觉传导系统及其他城市家具系列的材质美、设计美、工艺美等艺术美的社会公共效应，使得当代城市生活的文化、效率、美学、秩序、品位和城市公共设计艺术及公益事业的发展水平充分展现出来。

（三）公共设施的人性化及艺术化

城市的公共设施不仅包括那些大型的永久性的建筑设施，还有放置于开放性的广场、街道、车站、公园、医院、商场、学校等公共空间中供人们共享的设备和器具。例如休闲座椅、照明灯饰、计时钟表、饮水装置、通讯设置、消防设施、卫生设置、安全护栏、停车及防雨设施、健身和娱乐设施以及公共视觉导引系统等其他公共设施。它们构成现代城市公共空间及各类活动场所中必不可少的基础性“家具”，从而有利于市民大众得以舒适、安全、有序及优雅的室内外公共活动的进行。

公共设施的设计与设立，并不是只强调应用性的功能，而是要求将工业设计师、艺术家以及部分手工艺技师的创造性工作进行有机结合，使公共设施在发挥既定的应用功能的同时，彰显其智慧与文化精神以及不同时代的艺术美。为在城市公共空间活动或者休闲的市民，提供良好的生活和环境品质。这在发生于20世纪初而后被誉为“世界现代设计运动的摇篮”的“包豪斯”（Bauhaus）文化的诠释中就得到了显而易见的体现，他们不赞同将艺术创作和生产制造技术分离开来，不赞同在艺术与手工艺（以及后来的工业美术、工业设计）之间人为地划分出对立的尊卑等级，而是呼吁艺术和现代技术的统一和融合。

虽然当时格罗皮乌斯等人因为看到市场上存在较多粗制滥造的工业制品以及工业文明所带来的一些不利现象，非常提倡和注重以手工制造产品或者用机械模仿手工制品而有其特定的时代局限性，不过，作为包豪斯决意将艺术从美术学院与艺术家沙龙中解放出来，与现代工业技术及社会现实需求高度结合在一起，综合和超越其他传统艺术方式而构建起现代设计艺术（包括各种立体和平面范畴的设计）大系统的思想及实践，是非常值得后人学习和借鉴的，十分可贵。客观来看，在第二次世界大战后欧美诸国及东方日本的先进的工业设计、日用产品、建筑设计以及工艺品的设计艺术成果，即为这种新的设计艺术文化理念成果的很好的证明。

相比于发达国家，我国城市建设中的公共设施的设计美学的研究、教育及其实际应用方面长期处于落后的状态。从观念意识上来讲，艺术教育界和社会中仍然存在着单方面注重以传统的“架上”作业方式为主的（如以油画、水墨画、版画及雕塑等门类为表征的）“纯艺术”，而不重视或者抵触以现代材料、市场、技术以及文化理念为导向的集艺术性、应用性以及综合性为一体的设计艺术。仿佛艺术离社会大众与市场的现实需求越远才越显其神圣、高雅、尊贵。在中国近半个多世纪以来的美术与设计艺术的高等教育中，因为教育思想、教育体制以及学科规划等方面的限制，使得专业院校美术教育太过单一化、细分化、封闭化。例如因为艺术表现上的媒介材质、空间形态以及工艺技术方面的差异，而将美术和设计学科分割成如水墨画、油画、版画、环境艺术设计、雕塑、陶瓷艺术设计、工业造型设计、服装艺术设计等专门类别，并且分别设立了各家独成一体、封闭固守的教育机制及系科单位。在此期间，涌现出了大量的犹如欧洲19世纪美术教育中出现过的类似情形，也就是“努力追求各自固有的表现领域。出现了建筑清除绘画的、雕塑的要素；绘画清除建筑的、雕塑的要素；雕塑清除建筑的、绘画的要素。因此，艺术相互分离，形成专业化，并取得了自律性和纯粹性。但是，如果从另一个观点来看，艺术从其背景——现实中游离出来，丧失了生存的基地，就意味着孤立化、卑微化”。从社会客观现实的需求来看，特别是从城市公共艺术建设和发展需求来看，美术和设计艺术的门类划分得太过细碎、太过独立而自我封闭，难以调动、整合起对城市公共场所和大型景观的综合设计能力和整体实施的力量。这种缺陷和危机在过去的时代中，因为城市公共生活的需求及其品质的相对低下和城市公共场所建设的严重滞后而没有得到强烈的显现，在进入21世纪初以后则愈加明显起来。也就是在美术院校现行体制下教育出来的人才中，很少会出现胜任跨专业、跨学科需求的公共艺术的综合性、整体性设计人才及策划人才。具体来讲，也就是严重匮乏在雕塑、绘画、景观、建筑、工业造型以及平面设计（包括在诸如石材、陶瓷、金属、漆艺、玻璃、纤维以及综合材料）各方面具有综合能力和修养的当代艺术人才。所以，就很难在时代急需的城市公共空间的各种设施和环境设计与应用上取得理想的业绩，从而满足社会的现实需求。

因为中国曾经长期处于以政府行政手段硬性干预下的计划经济时代中，在城市家具供需关系的市场化管理和产品设计的更新换代上十分缺乏竞争性和创造性，更很难涉及艺术审美层次的追求。不少公共设施都是几年或者几十年一以贯之而毫无改进，所以体现出大部分城市的公共设施功能和造型设计陈旧、粗陋、杂乱而没有美感。其生产加工及供货渠道也往往局限在政府计划中的“定点单位”。远远没有将高水平、高质量、具有美学价值的公共设施的设计与推广看作城市整体形象及文化品位的重要组成部分。事实上，城市公共设施设计形态的美学品质的高低与制作质量的好坏，将长期和普遍地影响着市民大众的公共生活质量、文化心理乃至人们的行为举止。实践早就已经证明，城市公共场所中的公共设施设计的人性化、艺术化以及与整体环境效果协调的程度是怎样的，不管对于它应负有的功能职责还是美学的大众普及都会对我们的社会存在长期的影响。

从本质上来讲，公共艺术并不只是为了承担供人们欣赏的职责，而更多的是为了在达成一个公共空间的场所感、地域感、文化感、抑或人性化的目标过程中起到特殊的作用。所以，就必须善于运用一切人类艺术历史上可借鉴的形式、手段，并且运用现有的材料和技术去应对公共设施设计中的艺术性及人性化的普遍要求。使得艺术（人的升华了的审美情感、生命精神、个性化的创造意志等）与应用性的生产实践密切结合在一起。打造出美好环境中的美好的公共设施，使公众在其中得到“实惠”的同时还可以真正地领略到触及心灵的情感及美的抚慰。这很明显已经和正在成为艺术家、设计家、建筑师及工艺师们协作努力的一项重要职责。不然的话，如果只有好的建筑界面、好的雕塑、好的壁画以及好的园林绿化而缺乏好的（在此指合理的和具有美学意识的）公共设施，或者将它们的存在方式与功能完全分割开来，就无法构成完美的、适合于城市公众生活和交往的公共场所。

三、城市“经营”和文化消费

（一）艺术展示和城市“品牌”

自从中国进入21世纪起，城市的形象、地位、声誉的高低已渐渐地成为各城市之间经济、文化实力的竞争以及政治效应传播的重要体现。城市化、现代化、国际化的发展已经成了不可逆转的前进方向。“营销城市”早已成为一些地方政府振兴社会及经济的一种策略与理念。在此期间，一个城市不仅要开发一些有形的物质产品，还要开发自身的无形资产并使其品牌化、印象化，这已经成为当代城市经营的方式之一。一个城市举办的文化艺术活动通过公共性的运作与传播，正是成为建立“城市品牌”和文化形象的一条重要途径。在文化与艺术多元化的时代，公共艺术介入社会和激发公共参与的方式也一定是多种多样的。

特别需要我们重视的一种现象为，除了借助开放性的公共空间进行长期的或者随机性地体现公共艺术以外，过去被看作精英艺术殿堂的专业展览场地（如博物馆、美术馆等地）也总是被用来举行具有公共性质及公共精神的艺术展览或者艺术博览会，尤其是那些由地方政府主办的、以所在城市冠名的各种美术“双年展”“三年展”，为城市形象的传播及其品牌化的推广起到了不容小觑的作用。这种以艺术搭台、引起关注、公共参与、扩大城市影响的艺术双年展（及其他展和竞赛活动）是从国际经验传入的（例如有悠久历史的意大利威尼斯双年展、巴西圣保罗双年展、美国惠特尼双年展、德国卡赛尔文献展，还有在土耳其伊斯坦布尔、澳大利亚悉尼、加拿大蒙特利尔、南非约翰内斯堡、韩国光州以及日本横滨等地举行的以城市冠名、间隔不一的国际美术双年展和三年展），它们通过公共性的艺术展览盛事使某个区域和城市为世人所知，增加了知名度，使得人们把某种独特的印象及联想与一个城市的整体认知联系在一起，将一种现时的文化精神和城市的历史，人文以及自然景观整合在一起，服务于来自五湖四海的广大参观者，体现出类似于经营一种具有自身特性及既定文化内涵的“产品”或者名人那样的品牌力量。国内外的一些经历和经验都向人们展示了以某一城市为代表的艺术展览活动给城市和外界带来的明显效应。

恰恰如此，通过地方的城市政府、企业界以及社会间的通力合作，利用艺术家及艺术干预、影响大众社会的作用，推动了旅游及地方经济、交流了各自的文化成就、打造了城市形象品牌。与此同时，还给企业、市民和政府都带来了有利于各自劳动的收获和回报。这种模式在20世纪初开始渐渐地影响到了我国一些城市的文化建设和城市形象的“经营”活动（例如“上海双年展”“成都双年展”“北京双年展”以及“广州三年展”等）。

例如在20世纪90年代中期实行大幅度“改革开放”的上海在政府及国际企业界的支持与协作之下，从1996年到2002年已连续举行了多届国际性的美术双年展，为此吸引了很多的国内外观众的介入及大众媒介的普遍关注。在起到“营销”上海的品牌效应的同时，也有力地改变着过去人们对上海的某种片面印象，“使上海这个不相信‘前卫’和深层文化的充满欲望和商机的城市”开始变得更加丰富、充实、浪漫并具有多面性。给上海的城市繁荣及其国际性、开放性、现代性和平民化意味平添了更为鲜明的色彩。在2002年，上海双年展（第四届）以“都市营造”为主题，围绕着经济全球化背景下都市经济文化的现状以及由此带来的人与环境空间的关系展开讨论。这也是在中国上海首次举办国际范围的建筑艺术和视觉艺术互动的大型综合展览。其中展出了来自我国和其他许多国家相关题材的雕塑、绘画、装置、多媒体影像、摄影、建筑以及景观设计方案、立体模型等艺术展品，从艺术的视角揭示了人们对当代都市中人与社会文化、历史、空间环境以及自然生态的相互关系的反思和展望，并充分体现了本土文化艺术对当代国际艺术发展的积极回应。这一届上海双年展在其主题涵盖下更多地体现了都市营造与社会大众之间的互动关系，其中一个展览场景明显而简单地体现了这一点：在上海双年展的露天展品中有一组题为《城市农民》的群雕（图2-4-17），艺术家运用了近乎与超级写实主义相类似的表现手法，典型地显现了一群由年轻的小伙子、疲惫的中年汉子、一心力不济的老人、怀抱幼儿的农家民工的媳妇以及肥头大耳的包工头等组成的当代城市建设中的“农民工”一族，他们默默地待在美术馆建筑的一个拐弯处，神色茫然、衣衫不整却又分明被打上了城市文明的些许烙印，犹如人们常在车站、码头、劳力市场或建筑工棚附近见到的情形。这组具有鲜明个性及社会洞察力的作品以其生动而独到的写实手法和艺术家强烈而温存的人道主义关怀，牵引着许多来双年展参观的不同阶层的观众，引发了他们对于城市与乡村、社会发展与共同幸福等严肃问题的思考，成为上海双年展上的一个关注点。

图2-4-17　《城市农民》

因这一届双年展与市政府在上海所举办的“国际艺术节”上的其他几个艺术展览同期展出，因而城市的整体氛围十分热闹（如“晋唐宋元书画国宝展览”“中国工艺美术精品博览会”“第六届上海艺术博览会”“首届《海市蜃楼》大型国际多媒体艺术展”等展览）。它们分别展出在上海美术馆、上海博物馆、上海世界贸易商城、浦东陆家嘴正大广场、上海世纪大道金茂大厦群楼等具有历史和当代交织联系的场馆及区域，在展示艺术的同时也向世人体现出了城市本身的文化风貌。所以，吸引了来自国内外的上百万观众，规模前所未有。上海赢得2010年世界博览会主办权，的确给人以上海在文化、经济、城市建设、国际交流以及社会福利等方面飞跃发展的强烈印象。当中外游人在展览期间参观了具有近代历史的外滩、世纪景观大道、上海浦东新区、上海“新天地”小区和上海城市发展规划展览馆等地点以后，这种现实和梦想、城市和艺术、上海和世界、政治和经济的连带性感触便由此产生。可以这样说，在政府和社会协作之下的公共性艺术展览给城市带来文化与经济上的收获的同时，也给城市的品牌形象及政府的业绩增添了相当的分量。再如2018年的第十二届上海双年展，以“禹步”（Proregress）为主题，参展作品主要围绕着“自然与社会”“战争”“政治”“野蛮与文明”4个主题篇章展开，其中《顺时针》这件作品的人气非常高，整个艺术装置塑造了一个圆弧形空间，空间中放置了360个时钟，每个时钟均比前一个快4分钟，这样360个4分钟便形成了24小时，整个空间象征着我们的一天，空间洁白且空旷，置身其中可以听到360个时钟秒针转动的声音，象征着时间流逝。这是南美策展人第一次来到中国策展，同时也是上海双年展历史上首次大规模展出拉丁美洲当代艺术家的作品。也意味着上海双年展在艺术多元化上又向前迈进了一步。同样，在中国南方的中心都市——广州于2002年开始创办的“广州三年展”上，不仅秉承了这种展览所具有的当代性、大型化和国际性的定期展览特性，同时，一方面追求自身的学术质量及展览的整体艺术效果，另一方面，正如展览自身的感言：“希望这样一个大型展事能为我们的城市增添文化的声色和光彩，树立起城市的新形象……创造城市的文化品牌……‘广州三年展’不会仅仅只是一种美术作品的集中展示，而必然还会有我们注视现实、感应历史、述说生存的文化主题——那是我们举办美术展览的灵魂所在。”显而易见，这一美术展览的艺术探索性和学术性与扩大城市声誉和社会文化影响的愿望成了双重的追求。对整个艺术文化界与举办城市都具有十分重要的意义。

人们也曾针对政府支持的双年展、三年展等展览在艺术的文化观念形态及艺术表现语言的实验性（探索性）方面是否会受到单方面的控制与影响等问题提出疑问和困惑，不过，就如今的实践状况来看，还没有成为要害的问题，这是因为政府在财政和行政上支持双年展、三年展等艺术活动的同时，已经认识到了需要尊重艺术本身的特性和艺术创作的特性，而不应该将艺术的形式语言的探索和文化的学术探索活动简单地与政治意识形态的宣传活动混淆在一起，并且以文化与政治开放的姿态，尊重由各方专家、学者、艺术批评家以及专业策展人组成的策划委员会和学术委员会来统筹艺术展览的事宜，从而达到最大的文化影响及社会交流效果。而在这个过程当中，策展人（包括非政府赞助人）若与政府方面产生一些意见的差异或是分歧，都属于正常现象。他们可以通过协商、对话、妥协以及在展览举办地的法律法规的框架内来对分歧或矛盾加以解决。此过程也正好是政府与社会、企业界及文化界等民间机构进行公共关系沟通的重要机会。事实上，在当代国内的全部双年展中，哪些算是政府举办的，哪些算是民间（及私人性质）举办的，难以划分出绝对的界限来，而通常是“多元的复合”和多方协作的性质。更何况，由谁来主办并不是最为重要的事情，重要的在于艺术展览是否让艺术界及社会公众拥有普遍参与的权力和机会，是否从中有所受益并可以产生长期的社会效应。除此之外，要使类似于双年展这样的开放性艺术活动可以起到更多地促进城市振兴和“打造城市品牌”的作用，通过人们的实践和思考，主动地认识到了其持续性及坚持创新原则的重要性。

通过前述可以看出，当代的博物馆、美术馆艺术展览早已不再是一律重复传统意义上的古典艺术、精英艺术、学院艺术或者封闭保守的艺术形式和观念，而是在部分地借用这些场馆的展览方式的同时，还是能够对艺术本身进行创造性的探索与求新，并且使艺术与当代和当地社会的大众文化生活发生密切的关联与交流。

要想涵盖一个国家或者一座城市区域的当代艺术全貌，仅仅依靠双年展这种形式当然是远远不够的，双年展这种形式也无法全面体现当代艺术发展的历史，而仅是在代表一定时段和某种主题性的文化视角内对于艺术的探索和展示。然而，它却与其他一些通过企业、民间社会以及批评家的力量推动的艺术展览与活动共同丰富和活跃了以当代城市为载体的艺术生活，并让当代艺术在精英文化、大众文化以及商业文化多元共同存在的格局下，展示出更多文化的“公共性”与社会舆论的开放性。

（二）旅游文化的展示

旅游，是人连续地走动、消费、观览以及心理体验的过程。18世纪至20世纪初，已经有不少有欲望及能力的人士，通过不同的交通手段去异地他乡从事探险、游学、传教、考古、商贸等活动，旅游成为很多有条件或者有志向者获取人生的充实和愉悦的重要传统方式之一。在20世纪50年代以后，随着现代交通技术的进步以及社会与经济上的进步，国际和城际间的旅游活动已普遍成为各地域民间群体和个人游历和交往的重要行为。在20世纪80年代以后，旅游已普遍成为规模化、国际化以及产业化的事业，它甚至成为一个地区、一座城市或者一个国家的重要经济来源。针对其推出的“产品”类别来说，有文化旅游、商业旅游、自然风光旅游、城市节庆专项旅游以及综合性旅游等项目。旅游使得一座城市（或地域和民族）的文化与生活形态清晰而生动地展示在世人的眼前，传播到世界各处。也正是旅游这种“无公害”“无烟”产业，推动着中外许多城市的文化、经济、环境、生态以及人们观念意识的发展和进步，使得他们赢得了非常重要的发展机会，获得成功。中国从改革开放初期旅游年收益额的几千万元发展到21世纪的上百亿元人民币的进展就是很好的证明。因我国国民经济收入的提高以及随之而来的文化和业余休闲需求的增长，在1995年，国家做出了每周“双休”的假日规定。后来，为适应国民旅游和娱乐文化需求的增长，又在1999年做出了每年三个“黄金周”长假（即“国际劳动节”“国庆节”及“春节”）的规定。为中国的假日经济及旅游文化的发展提供了很好的条件。实际上，旅游事业在经济之外的收益更是多方面的，同时也是久远的。在此间，当代公共艺术应该，也可以担当起无可替代的角色、地位及作用，这已经在大量的实践与感知中得以有力的证实。

以“大公共艺术”的观点和审美态度来分析，一个地方及城市的自然景观、建筑景观、人们的生活环境、文化习俗、生活方式、地方性的传统节庆活动，还有具备地域（城市）代表性的动物与植物类型及历史性的文化符号和民间传说等，都能够成为旅游环境与文化中重要的“硬件”与“软件”资源。此间，公共艺术的介入除了上述涉及的大的方面（如城市的建筑环境、历史文化遗迹、公共设施、城市广场、开放性的社区、公园和绿化带、商业街区、交通站点以及旅游商品等方面的设计开发）以外，尽量展示一方水土和一方居民的民间文化艺术积淀。特别是，能够使公共艺术的表现形式渗入活的、动态的、持续举行的各种各样的旅游文化活动中。

20世纪90年代，中国很多大型及中型城市以及享有旅游盛名的地区都举行了周期性的旅游节文化活动，以期促进各自城市社会的经济及市民文化艺术的发展，并以此作为社会公共文化传承与普及的一条重要途径。就上海来说，据有关资料统计，2018年上海接待国际旅游入境者893.71万人次，接待国内旅游者3.40亿次，比上年增长2.37%，外汇收入73.71亿元，增长8.2%，国内旅游收入4477.15亿元。据统计，旅游业每增加直接收入1元，相关行业的收入就可以增加4.3元。另一方面，就是旅游业可以带来大量的人员就业机会，根据测算，旅游业每增加1个直接就业人员，就会带动其他相关行业5～6个人的就业机会。并必然促进城市的环境景观、绿色环保、市政设施、社区形象以及旅游商品、文化艺术产业、餐饮服务业等方面的长足发展。很明显，当代旅游业带来的经济和社会效益是非常可观的。

具有典型代表意义的就是2002年“上海旅游节”活动的展开。在这届为期半月有余的旅游节中，邀请了来自亚、欧、美洲多国的艺术表演队伍和上海本市及周边地区的代表团体参加旅游节的系列艺术活动。相继在上海南京路、淮海路等路段和浦江岸边举行旅游狂欢活动。其间，有众多大型的以声、光、电等手段造型的游行彩车以及各种盛装舞蹈表演队伍、音乐演奏队伍参与盛大游行及其他狂欢活动。其中有来自上海市周边及与其有密切关系的代表团队的参与，诸如有朱家角、周庄、乌镇等具有悠久传统文化历史的著名旅游“品牌”，既有从清代至20世纪初以来上海拥有的一些工商业、市政服务业的“老字号”品牌形象，还有20世纪晚期来上海投资及加入商贸与技术市场开发的外国企业集团、跨国公司的代表队伍，也有应邀来助兴狂欢的英国、德国、美国、西班牙、澳大利亚、葡萄牙、瑞士、巴西、韩国、日本、泰国等很多各具特色及才艺的表演团体的参加。给这座在20世纪初和19世纪末在世界上享有盛名的国际大都市增加了更多的活力和人气，给市民的文化娱乐活动增添了更多的机会。此间的大量照明彩灯、彩车、硬质或者软质的彩塑、艺术招贴、标语彩球、艺术卡通、工艺服装、舞蹈艺术造型以及炫彩夺目的空中礼花，还有上百万市民的热情参与，构成了与城市当地文化产生密切互动效应的综合性公共艺术场景（图2-4-18）。使得各种艺术表现形式交织，并浓缩化地走入广大市民的节日文化生活中。

值得提及的是，上海2002年旅游节更加显现出它的市民化、大众化、生活化以及国际化的文化意蕴。可以这样说，这与这座城市在中国近代史的发端与社会历经的文脉之间存在必然的传承关系，反映了其近代的市民文化与中外文化的交汇和合流的特色。“2002年上海旅游节”的主题口号为“走进美好与欢乐”，这与上海市申请2010年世界博览会的议案中拟定的博览会主题——“城市，让生活更美好”是一脉相承的，它体现了上海城市的现代化发展战略中“经济搭台，文化唱戏”的商业化和市民化气息，让市民的生活得到多方面的实惠和提升。一如其市政府宣称的那样，旅游节是大众的庆典、大众的节日，通过举办旅游节展示上海的活力和新形象，对于城市经济和民众的文化艺术生活有着十分积极的促进意义。

图2-4-18　上海2002年旅游节吉祥物

实际上，城市公共艺术在旅游文化活动中表现的舞台空间是十分巨大的，它能够与诸多的地方性民间文化活动交织在一起。2002年上海旅游节在其“桂林公园”里推出了提花灯游园、品茗赏月、唐装盛服；在朱家角推出了古镇建筑景观及民俗风情的游览；在“世纪公园”中推出了“洋烟花”喷放和湖水倒影的美妙景观；在松江佘山国家森林公园推出了“佘山国际沙雕艺术节”；在金山的朱泾镇、枫泾镇推出了著名的“金山农民画”展览；在奉贤海湾举行了旅游风筝聚会；在“共青森林公园”和崇明东平国家森林公园等地推出了都市森林狂欢节，以大地绿色及园林景观艺术构成浪漫激情的文化氛围。使得公共艺术的表现形式融入旅游节诸多具有特色的“活动板块”中。从而使艺术与普通市民大众的审美文化生活更多、更近距离地贴近。

在中国首都北京，一年两度的金秋时节，也隆重上演着自己的旅游文化盛典。在2018年“北京国际旅游节”的开幕日，邀请“一带一路”沿线代表国家、非洲国家以及来自北京地区的共30支表演团体汇集在奥林匹克公园景观大道，带来了一场精彩的实景演出。整个表演通过“北京欢迎你”“中非丝路情”“融合与创造”“东方与西方”以及“激情与梦想”五大篇章，体现了北京作为国际交往中心的开放和包容，表达了合作共赢、幸福共享、文化共兴、和谐共生、安全共筑、责任共担、携手共建人类命运共同体的美好愿望。北京城区先后恢复和开辟了多处具有明清古城遗迹的公园及绿化带（如前述皇城根遗址公园、天安门东北角附近的菖蒲河公园、崇文门到东南城角楼之间的明城墙遗址公园以及东二环西直门至复兴门的沿街绿化带等），将维护城市的传统文脉与自然更新过程中的改造与治理进行统一；将提升城市形象与改善市民生活品质进行统一；将发展旅游经济与建设城市自身的公共艺术（景观艺术）进行统一。这样便可能会使公共艺术成为城市社会日常生活中的有机组成部分，而使城市艺术文化的建设不至于成为临时“给别人看”的“面子工程”或是“政绩工程”。

（三）公益思想和广告传播

如今，广告作为一种不可忽视且随处可见的视听传播形式，已经成了现代城市社会公共空间中十分重要的一部分。人们对于广告的态度不一，不过普遍对其关注度较高。广告有一部分是借助于户外媒体的形式（如路牌、霓虹灯、橱窗、灯箱以及公交车辆等流动媒体），设置于城市建筑物的立面或顶部、商场闹市、街道两旁、车站地铁内外等公共场所。它们的大量存在，通常一方面有利于市场的信息传播与城市经济的繁荣；另一方面在广告投放管理的相应法规还未健全的情形下也导致城市公共环境的大量视觉干扰与混乱，甚至是导致公共视听的污染现象，已一再成为城市环境秩序整顿和城市景观美学的重要批评对象。当然，这并不是广告本身的错误，而是公众信息的媒体管理与公共空间秩序控制的成效问题。这里特殊强调的是，除了大量的纯粹以营利为目的的商业性广告形态以外，还有一种我们知道的“公共广告”形态，它们中的一些作品，从思想文化内涵到形式表现的艺术化方面，都构成了城市公共艺术的一部分。

公共广告是为社会公众制作与发布的，其目的并非营利，而是通过传播公众社会认同与期望的观念、主张或者意见来传达公共舆论；通过反映社会性的问题来影响社会的公共道德及和价值取向；号召全体社会以合乎公共利益的言行准则去规范自我的行为；呼吁市民公众去理解与支持社会公益事业或者合情合理的社会风尚等。所以，人们有时会统称其为“公益广告”（它们有很多是发布在电视和报纸等媒体上的，由于很少直接介入大范围的公共空间，所以这里并不将其作为主要形式探讨）。

从公共广告的倡导原则及其内容诉求来看，即在有利于社会发展的思想观念和情感的支持之下，给予社会以真善美的价值导向。对公众的人生观、自然观、社会观、政治观以及对公民个人的行为举止予以正确的引导和教育。这从我国20世纪80年代末以来发布的一些公共广告的主题来看可见一斑，诸如："依法纳税""助人为乐""关心残疾人""义务献血""节约水资源""节约能源""爱护公共设施""环境生态保护""遵守交通规则""建设美好的社区""严禁贩毒、吸毒""反对假冒伪劣商品""保护妇女儿童权益""尊师重教""养成好习惯""孩子，不要加入烟民的行列""您的家人盼望您平安归来""珍惜每一分土地，用地必须依法""垃圾分类袋装"等公共广告。广告通过艺术的创意及表现形式在社会公共传播中传递了公共意见与公民的社会契约精神。公共广告已逐渐介入人们的社会生活领域当中，成为公共文化与艺术的组成部分。

例如媒体报道北京新开城铁车站内利用灯箱媒体发布有关警示及反对贪污丑恶现象的公共广告，在这里，公共广告借助直接面向大众、为市民服务的城铁窗口，艺术化地反映了当前公共社会的呼声及其人文底蕴。从某种意义上讲，公共广告可以将公共信息、公共精神通过艺术创意和表现手法体现出来，使其成为公共艺术形态的组成部分，充分或部分地发挥着社会教育和审美文化传播的积极作用。从经济角度来看，相较于琳琅满目的商业广告来说，公益广告是没有收益的，它的经费来源和运作方式主要是由企业赞助（但是需要没有商品推销或者商品品牌推广的内容，甚至于没有赞助者的签名，以严格区别公共广告和商业广告），政府部门出资，或者由类似"广告协会""广告同业者协会"等社会组织属下的公益广告机构出资实施（即由广告业主们的会员经费和专项用费比例来共同承担，这在不同的国家中情形有差异）。在政府有关部门的参与和协调之下，充分发挥社会中行业协会与民间公益组织的积极作用，使得公共广告成为城市公共文化道德建设和公共艺术建设的有机结合体。当然，公共广告自身的艺术创意及表现形式、媒体发布的形式（包括广告载体的材质、地点、形状、环境以及对城市公共秩序和视觉心理的影响效果等）都需要进行必要的综合性考量，纳入专门的管理机制，使公共广告在城市公共环境及公共艺术的建设中起到积极的作用（需要说明的一点是，这里并不认为一切不同内涵的公益广告都必须特别注重其外在形式的艺术性。因为，这首先取决于它本身既定的广告目的和相应的诉求目的）。其实，可以使公众留下深刻记忆与良好印象的公共广告形式与广义的公共艺术之间并不存在绝对的区隔界限。从客观的角度来看，公共艺术在向社会诉诸包括审美意味在内的艺术形式，同时也饱含文化理念与公共信息（图2-4-19）。

图2-4-19 公共广告“城市，让生活更美好”

（四）行销美学和公众文化的完美融合

企业（工商业及服务业）的存在与发展曾经是近代城市的重要内涵与依托。现代企业对于确立一个城市在某一区域的经济地位及其社会各方面的发展水平发挥着非常重要的功能和作用。企业的生产、经营活动及其社会公共交往活动会直接或间接地影响着一座城市社会的文化、美学以及环境品质。同样，在当代多元经济格局下的城市公共艺术建设中，不同经济性质的企业集团正是重要的参与及支持力量。当然，这是伴随着企业有目的的经济与社会活动而展开的，其实际功效通常也是比较多面化的，在企业为其自身赢得效益（未必是短期的、直接的经济效益）的同时，也会给城市社会带来积极的公共文化利益与公共环境效益。

从发达国家及我国的发展情形来看，企业的营销和广告活动几乎都经历了一个显在的历史过程，也就是从注重商品的功能利益发展到注重市场的营销组合方法，再迈向注重商品的品牌形象及其持久的文化理念的阶段。也就是经历了从对物质利益的重视渐渐地发展到对消费者和大众的精神与情感价值认同的重视。正所谓“每一个品牌必有一个商品，但不是每一个商品都能够成为一个品牌”。这深刻地阐释了当代企业在成功的经济及社会交往活动中，其品牌的内涵和功用已经远远超出了商品本身的实用功能及经济价值，而是力图通过商品的市场销售及相关的公共关系和传播活动，将企业所创造的历史故事、市场业绩、审美创造、文化理想、新闻事件乃至它所倡导的社会信仰、生活态度等，伴随着企业对消费者与社会大众的承诺、服务、公益赞助等活动而面向大众。因此所以，品牌已成为企业宝贵的永久性资产与市场竞争的利器。在这种长期、执着的品牌建设过程中，企业已渐渐地认识到，一个好的企业，必须是公共社会中的一个合格的“集体公民”——对其赖以生存的社会必须做出应有的回馈并负有应尽的社会责任和义务，而不是如此不能维系和体现一个企业与社会公众的内在契约关系，并建立起企业应有的社会角色的形象。

现代企业已经深刻认识到自身的可持续发展，在很大的程度上是由它是否能够展开与市场和社会进行持续的、共同的交流所决定的，也就是将企业的经营理念、职责、性质、业绩、社会贡献以及各种需求，与社会大众（包括细分市场）的希望、需求、意见以及各种有关信息，通过不同的渠道进行全方位的沟通与互动性质的交流。所以，企业在与其产业链的上下游（材料供应者及成品销售者）的交往、与地方政府机构、新闻机构、金融机构、本产业集团的各分支机构、劳务市场、广大股东、各种社会团体以及与企业内部员工的沟通交往中，必须建立起良好企业形象和完整的企业文化体系。因而，企业除了围绕日常的经营和销售活动而进行必要的促销及硬性广告活动以外，也必然在与政府、社会团体和客户群的公共关系、社会公益活动赞助以及城市社区文化和环境促进等方面发挥出其应有的促进功能。

其间，企业对于各种渠道的视觉美学的自觉应用就成为应对“消费时代”和公共关系的重要方式。从客观的角度来看，作为一个通盘整合的发展战略来说:“美学战略不同于公司战略或营销战略。作为公司战略的一部分，组织决定其核心经营能力、组织结构以及未来的发展方向。作为营销战略的一部分，组织要就市场细分、顾客目标和主要竞争者等方面进行决策。美学战略将公司战略和营销战略作为输入，通过视觉（或其他感觉）方法来表达公司的使命、战略目标和文化。成功实施的美学战略能为组织及其品牌建立识别。”虽然企业公司在公共传达与环境设计的美学追求方面具有强烈的自我市场目标和功利性目的，尝试着经过对目标市场和社会大众在视觉美学上的诉求和感染达到其阶段性或者战略性的目标，然而在这个过程中，正确而富有成效的企业行为也毕竟在很大程度上起着改善周边环境及提升普通大众的视觉审美情趣的作用。此外，因为艺术家和其他文化精英的介入，就有可能借助企业的实力去成功地实施具有公共文化价值的视觉（包括环境）艺术作品，使企业和社会大众的艺术文化需求取得某种“双赢”的效应。

在中国的城市和社区环境建设中，企业为了对其生产经营的环境（如业务经营空间、企业历史、科研开发空间以及成就展示空间和销售空间等）进行有效改善，并建立其独具个性的视觉传达系统（包括企业或产品品牌标识设计、专用字体及色彩设计、服饰设计、包装设计、广告设计以及其他的视觉识别系统的设计）以外，企业对其生产和经营活动周边范畴的硬性和软性环境建设的介入程度，已经远远超过了过去的任何时期，因为与企业活动有着各种相联系的城市和社区的整体环境品质和与人文形态，比过去任何时候都更为直接地影响着企业的活动声誉。近10年来中国的一些生产企业、金融业、服务业及文化产业结构已渐渐地加入所在的城市和社区的公共艺术和与环境景观的艺术化建设中去。这样的活动所产生的效果是一般的促销活动和纯商业性的广告活动所不能企及的。它通常通过公共艺术和人文景观建设的实施并通过相应的公共关系和新闻活动，将企业形象的推广与社会公益活动密切地结合在一起，体现了企业包括整体性的产业园区与政府及社会的亲和关系，并且使得一个公共场域的文化生态与自然生态发生显著的良性改变。使得企业的公益精神和社会形象得以长久的流传，甚至成为一个社区文化中重要的视觉化标志而给人留下深刻的印象。在一些企业新开发区的整体环境设计中更是没有例外。

企业介入城市景观和各类社区公共艺术的建设，在国外早就已经成为一个十分普遍的现象。企业总是在整体规划中将一些高科技开发园区与其商务办公机构、产品以及企业历史的展览空间、职工和家属的生活与娱乐消费区等功能板块与大面积的绿色生态、系统化的公共设施与公共艺术景观结合在一起，合理而创造性地配置了集科研、生产、商务、展示、娱乐以及生活服务功能为一体的综合性社区。使得企业与周边社区融入更加人性化、生态化以及艺术化的生存环境。这样的情况在加拿大、美国、德国、瑞士以及日本等国的企业中已经很多了。

针对人们的商业消费行为的内在逻辑来说，是为了生活而消费，而不是为了购物而消费。在物质供应比较充裕与丰富的社会中，购物本身就已经不再是消费行为的单纯表现。在多数情形下，人们去商场购物与其说是为了物质的需要而实施购买行为，不如说是为了自我内在心理需求的满足。消费过程俨然已成为人们日常精神活动及大众审美文化的重要组成部分。消费者不只是希望商品的造型、包装及其展示方式有着某种美感与创意，并期望整个商业经营空间以及企业所在街区的景观环境都可以给人们带来某种富有艺术文化的美感享受。也就是希望由此给人们引发更多的生活意义、激情以及对未来的憧憬和希冀（虽然它不一定可以用语言描述）。所以，几乎所有日常领域的消费过程都被人们赋予了某种精神文化（特别是不同层次的审美文化）体验的期待。在比较集中的商业销售区域和日常的商业促销活动中，人们当然是希望那些销售和购物的公共空间，也尽量成为可供大众进行艺术欣赏与愉悦身心的公共场所。也可以说是寓艺于商或者寓商于美的辩证。其间，公共艺术在商业空间及其街区的介入，就构成了现代商业经济、大众文化与城市整体文化环境相互依托和融合的自然情形。在提升企业（商业）和品牌的“记忆度”“知名度”以及“美誉度”的同时，对环境美学、商业文明、城市形象以及市民文化的建设通常有着积极而互动的社会效应。

公共艺术的发展只是依靠政府的力量和运作效率，不管是目前还是从长远的眼光来看，很明显是远远不够的，而政府和企业界以及更为广泛的社会团体力量的相互协作支持，将会使公共艺术建设的物质基础及社会基础更加广泛、厚实。这样的发展思路与模式早在不少发达国家中得到了有力证实。虽然追求利润是企业的必然行为，不过企业对社会和公共文化的介入方式（包括寻求回报的途径）可以是各种形式的，特别是它的介入能够给社会公益事业带来政府单方面举措所无法企及的效果。所以，启动双方结合、优势互补的公共艺术发展模式是非常有必要的。只是应该侧重于政府相关政务上的廉洁和公开，还有企业的商业利益与社会公共利益的明确划分上做出相应的法规与舆论监督。使得政府与广大企业及其他民间基金组织的协作，产生有利于艺术公益事业的“双赢”或者“多赢”效应。

当代城市是一个流动性空间，充满着人流、物流以及信息流。对方便、效率、舒适以及美感的追求已经成为理所当然。没有频繁的内外文化信息交流及物质交换活动的地方，就不具有现代城市的基本特征，也不可能保有城市的生机与活力。为市民大众（包括外来的观光游客和暂住人口）服务的社区与市政设施，还有城市公共家具的完备程度及美学品位的差异，已经成为一座城市公共文化和精神气质的重要组成部分，并且成为全部纳税人城市生活品质的一种反映。城市的视觉传导系统和城市家具（公共设施）不仅仅是城市社会公共性物质生活的必备工具，同时也是传达关于人的审美、尊严、智慧及社会认同与秩序的外在表现。城市公共空间、设施以及信息传导系统的设计和公共艺术的建设之间存在密不可分的关系。在这些设计中，对功能要求的关切也是对人性、人情的关切；对文化精神和美学品位的关切，也是对人性和人情的关切。两者兼具，才会最大限度地履行其社会服务与艺术美育的使命。

第三章　城市公共艺术及景观构筑物的分类和特点

城市公共艺术和景观构筑物的种类繁多，式样丰富，为了可以充分把握公共艺术的创作与设计规律，我们在不同题材内容、表现形式、艺术特征、展示空间以及存在方式等方面，将城市公共艺术和景观构筑物分为五个类型，包括景观性、建筑性、展示性、纪念碑式、偶发性等新生公共艺术，以便更好地理解和认识公共艺术作品的创作思路和价值意义。

第一节　景观性公共艺术和景观构筑物

景观性公共艺术和构筑物在城市环境建设中有着最为广泛的意义。艺术观赏性是其第一属性，不具备人们可以进入的内部空间，一般体量都比较小。它的主要目的是满足大众的审美，通过本身的内容、色彩、造型、肌理以及质感向人们展示形象，同时还有美化环境和提升环境品质等的作用。其表现形式基本符合大众审美规律，通过协调处理各种关系使得作品具备合理的尺度、优美的造型、适当的比例、优良的质感等，满足人们美好的视觉感受。此外，它还具有地域性及文化性，通过通俗化、大众化、赏心悦目的构筑物来诉说着特定城市生活的故事和梦想，可以塑造健康和谐的人性化视觉体验空间，让人们在轻松愉快的环境里感受日常生活中的人文价值。

这类构筑物可以分为两种类型，一类是自然环境，另一类是人工环境。其中，自然景观中构筑物和公共艺术设计的主要背景是自然环境要素。它可以是郊野公园、自然风景区、田园乡村、海滩湖泊，也可以是城市里的公园绿地。它注重与自然的融合，要求综合考虑自然环境和空间组成要素，结合绿色、生态、环保、节能等可持续设计理念和技术，让观赏者在游憩体验之余，可以产生对自然环境的关爱意识。而人工景观中构筑物和公共艺术设计的主要背景是人工环境，它包括历史遗址、文物古迹、街道广场、商贸集市、建筑构筑物等。它是现代城市景观中重要的组成部分，有着传播城市文化和启迪精神的重要意义，注重融入城市生活，强调考虑人的活动及文化塑造。

人工水景即为景观性构筑物和公共艺术的一个典型代表，包括喷泉、瀑布、水池以及人工溪流与河道中的构筑物和设施，它往往会成为积聚人群活动的景观中心（图3–1–1）。科技的发展在很大程度上推动了喷泉类型发展，例如活动喷泉、音乐喷泉、排喷泉、间隙喷泉、雾化喷泉、涌泉、旱喷泉等，可以控制出水量、时间、水的形态、水的状态，还可以结合灯光和声音效果，造型上丰富多样，艺术风格上有错觉的、梦幻的、壮观的、趣味的等，创造出丰富多彩的艺术效果，引人驻足。

图3–1–1　园林中的人造水景瀑布

景观性公共艺术和构筑物是城市视觉符号的一个重要组成部分，构成完整的景观性体系，从而形成人们脑海中城市意象的重要因素，有助于增强人们对于一个城市的情感与记忆。所以说，在设计的时候应该从整体出发，对各种景观要素加以系统的组织或设计时融入整体的景观体系就显得非常重要。

第二节　建筑性公共艺术和景观构筑物

建筑性公共艺术与景观构筑物指的是具有一定的建筑物特征，或者其本身以建筑物为载体，有着审美功能和一定的实用功能。一般情况下，它具有相对的内部空间，可以与外部空间区分开来，让人们在其内活动，不过这种围合并不一定有实在围合的墙体，而是可以构成心理暗示的空间。一般使用点、线和面状态的构筑物，形成半围合、半封闭空间，会给人们一种依靠、遮蔽、隐秘、安全、舒适的感觉，还可以与外部空间形成充分、良好的沟通。其主要内容包括观景平台、瞭望塔（图3-2-1）、桥梁、大门、凉亭、廊、花架等。

图3-2-1　西班牙瞭望塔桥

举例来说，景观大门本身是一种景观序列的开端，是景观设计中的一个重要的构成要素，它不仅具有组织交通、分隔内外、安全保障的功能，还有体现环境品质与文化地标的意义。通过对住宅小区大门的识别，我们能够清楚小区的整体环境风格，而旅游风景区的大门则显示出其特殊的景观及游玩特色。

再比如说，桥原本是跨越在河流上提供交通与连接沟通的构筑物，但是在现代景观设计中，它除了保留了其本身的意义以外，还发展出强烈的线性艺术表现力，营造一种连续的、多视角的、弯曲的、延展的游览体验空间（图3–2–2）。

图3–2–2　加拿大蒙特利尔人行天桥

以亭为例来讲，亭的主要目的是为人提供遮风避雨的场所，使人可以舒适地停留、休息或者驻足观望，围绕这个核心功能和建筑材料的发展，亭的造型早就已经突破了中国古典园林中的传统形态，根据不同的环境要求，展现出各种形态。例如，德国萨尔大学建筑学院和BOWOOSS公司联合设计开发了一个仿生的木制贝壳亭子（图3–2–3），目的是通过该项目探索海洋生物（尤其是浮游生物）的形体构造，并将其利用到建筑形式设计上。这个小亭子外形就像一只巨大的海参，然而表面并未有海参的芒状突起，更像是海藻类生物的外皮。项目重点是开发一套可持续的、灵活的、轻质的解决方案，使用的资源则为可再生的木材。

城市的发展如同新陈代谢，对于一些历史性的建筑再利用的设计方案中，有将其整体保留、功能置换更新的做法，同时也有将其墙体、框架等建筑结构部分予以保留的做法，这类保留建筑物局部特征的设计也属于建筑性的构筑物，使其延续城市的记忆。

图3-2-3　仿生的木制贝壳亭子

此外，还有一些十分精彩、令人印象深刻的建筑物，它们不管是从外观造型还是设计理念上，都如同一件几乎完美的艺术品。这类建筑物本身属于建筑物范畴，只不过它们同时还具备了公共艺术的品质，成为建筑耀眼的明星和城市的亮点，从而构建起人们对城市的美好印象（图3-2-4）。讲述建筑大师的代表性公共艺术和建筑艺术小品，例如建筑大师弗兰克·盖里设计的建筑代表作品（图3-2-5）。

图3-2-4　《巨大幻象》

图3-2-5 《古根海姆博物馆》

第三节 展示性公共艺术和景观构筑物

展示性公共艺术和景观构筑物以一种载体形式，突出信息传递的意义，旨在凸显和展现某一类事物或传递某种特定的思想观念，常见于大型的公共艺术展览、大型商业展览活动、城市举办的展览活动、世界园林博览以及节假日庆典展示活动等，通常具有短期性、便于拆卸搬迁等特征。

展示性的公共艺术在当代城市文化活动中具有十分重要的作用，艺术展览是美术馆、博物馆为公众服务的基本载体，也是将专业的学术研究成果转化成为大众普及文化的一个重要途径。艺术展览搭建起艺术作品与观众交流的平台，保障和实现每个公民的艺术文化权利，实施公共艺术教育，可以将具有前瞻性、前卫性的文化观念和大众相联系，从而隔离我们司空见惯的生活及日常习惯，这种公共艺术作品在提示公众价值观创新、激发公共文化的活跃以及创造力方面具有重要作用。比如说，上海世博会期间的公共艺术作品、世界园博会上的作品、威尼斯双年展等大型艺术展览中的公共艺术和北京举办的新媒体艺术展《齐物等观》等，这些都促进了社会公共文化服务体系的建设。

除了上述大型的展览活动以外，还有一些小型的展览活动，提供展示的场所一般包括私人画廊、露天商业广场、私营艺术馆、公园绿地和一些私人住宅、工厂、企业仓库等。展览前通常会有广告宣传活动来吸引观众观展，展览过程中通常会安排相关专业演讲及交流活动和提供解说、导览等服务，以便于观众对作品的欣赏与解读。有些展览活动则更侧重于商业效果，不过这些展览性的公共艺术活动存在更广泛的科普意义，能够让更多的人了解相关知识。例如，路虎汽车为了庆祝60岁生日而设计的大型户外公共艺术作品（图3–3–1）。

图3–3–1 路虎汽车户外大型公共艺术作品

第四节 纪念碑式公共艺术和景观构筑物

人们最熟悉的一种类型就是纪念碑式公共艺术和景观构筑物，因为传统雕塑是纪念碑式公共艺术的雏形。它们长久地记录和展示了城市文化和历史，其主要特点是传承和体现城市精神。现代城市中纪念碑所纪念的对象在拓展，表现手法及形式也都在发生着非常巨大的变化。

在人们的记忆中，传统的纪念碑雕塑或者建筑形式是十分丰富的，比如米开朗琪罗的大卫、凯旋门（图3-4-1）、记功柱、凡尔赛宫花园里阿波罗战神雕塑等，宣扬皇帝与国家的权利或展现战士的雄伟英姿，以供人们瞻仰和崇拜。随着历史的变迁，纪念的对象也发生了变化，不再仅仅局限于帝王和英勇的战士，也可以记录某一平凡而伟大的人物、某一具有特殊意义的地点，或某一段对人类发展具有重要意义的公共历史事件；其创作手法也随之发生了改变，作品中不仅呈现出艺术家本人对创作对象的理解及感受，还结合了公共空间与环境的整体需求。比如说美国华盛顿罗斯福纪念公园（图3-4-2）位于杰弗逊纪念堂和林肯纪念堂间，用以纪念美国第32任总统富兰克林·罗斯福和他任期中的事件。它通过构建一个完整的公共艺术公园，以连续的游览空间方式，让人们回忆历史人物和历史事件。整个公园共分为四个区域，空间区分的依据是罗斯福总统在任的四个时期的时局，以罗斯福家乡的新英格兰草原岗石作为全区空间围塑的元素，简洁坚硬有力的质感，让人感受到罗斯福的魄力与其坚毅的性格。但是，对于另一位被称为美国开国功勋的总统本杰明·富兰克林故居设计，只保留了其故居建筑的框架，旨在满足当地市民公共活动空间的需要（图3-4-3）。

图3-4-1　法国凯旋门

图3-4-2　罗斯福纪念公园

图3-4-3　本杰明·富兰克林故居

纪念性公共艺术通过在公共空间的艺术化呈现，以物质实体来构筑空间，帮助人们保存或唤起对过往事件的鲜活记忆，尤其是那些公共事件，例如战争、种族屠杀、恐怖活动等，例如第二次世界大战中欧洲被害犹太人纪念碑（图3-4-4）、9·11纪念广场、朝鲜战争纪念馆、“多瑙河岸的鞋子”（用50cm×2cm铁鞋来纪念第二次世界大战时在匈牙利被纳粹枪决后推入多瑙河遇难的50万犹太人）（图3-4-5）等。

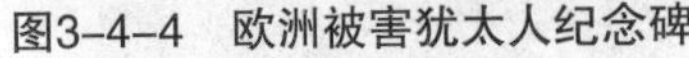

图3-4-4　欧洲被害犹太人纪念碑　　图3-4-5　《多瑙河岸的鞋子》

公共艺术不仅承载着一个城市的历史，而且见证了城市景观的更新换代，有的历史遗迹被保留下来成为城市地标，帮助人们回忆和诉说城市的故事。例如，美国炼油厂公园、上海徐家汇公园内保留原大中华橡胶厂的大烟囱（图3-4-6）和英国的本初子午线纪念碑（图3-4-7）等。

图3-4-6　徐家汇大中华橡胶厂的烟囱

图3-4-7　本初子午线纪念碑

纪念性公共艺术和景观构筑物的意义不只是在于向外来游客传达城市的相关信息，同时也是给本地的新一代年轻人讲述发生在自己“家里”的事情，使人们在了解城市的同时产生情感上的共鸣，在不同国家、不同社会、不同年龄的人群之间建立起情感纽带。

第五节　偶发性公共艺术和景观构筑物

偶发艺术起源于1959年A.卡普罗用“Happening”（意外发生的事）一词描述一种艺术创作状态，20世纪60年代则专门指一种美术现象，也就是偶发艺术和传统艺术的技巧性和永久性原则相悖。偶发艺术强调活动的随机性，艺术创作活动在于即兴发挥，表现方式为自发的无具体情节和戏剧性事件。

偶发艺术形态的形成特性主要是不定性、瞬间性、无常性以及无规律性。偶发艺术形态长期被前沿艺术所拥有，把握着时代脉搏，紧跟着时代步伐的变化与发展，具有前瞻性的特性。偶发艺术形态出自大自然的第一手资料，不仅有可变性，而且有独一无二的特点。

与其他公共艺术形式相比，偶发性公共艺术最大的特点就是时间上的短暂性和一过性，旨在展现在大众面前一个瞬间的艺术。美国艺术家克里斯托和让娜·克劳德（Christo and Jeanne Claude）夫妇一生完成了很多举世闻名堪称经典的公共艺术作品，例如包裹德国国会大厦。在包裹行动中，他们耗费了大量的时间和费用进行策划和申请。虽然这座包装起来的国会大厦只维持了两周，但就在这短短两周内，总共吸引了500万观众，成为第二次世界大战后柏林历史上最为瞩目的艺术品。当时的柏林市长迪普根对克里斯托夫妇表示感谢，称包裹后的大厦是“无法忘怀的整体艺术品”。这种短暂的、规模宏大的艺术行为给人们带来的视觉冲击是巨大的，它始终是公共艺术的一种典范。这种艺术行为具有不可逆、不可重复的一过性特征，可以给人们带来深刻的、永久性的记忆。此外，克里斯托夫妇还进行包裹岛屿、包裹海岸、包裹树木等艺术行动。

第四章　城市公共艺术的呈现方式及作品风格

本章将对城市公共艺术的呈现方式及作品风格进行探讨，包括城市公共艺术的呈现方式、强调视觉美感的风格、具有隐喻性内涵的风格、突破地域限制的风格、引发情感共鸣的风格以及注重材料质感的风格。

第一节　城市公共艺术的呈现方式

现代城市对景观的需求，在某种意义上影响着现代社会对公共艺术作品的需求。不同艺术氛围的公共艺术作品为城市景观留下了不同的标识，并承载着城市的回忆。

一、呈现方式源自公共空间的可能性分析

公共艺术介入城市景观恰好是梳理和构建城市品格的非常好的切入点，不过它并不是孤立的工程制作和广告植入行为，而是基于城市景观背景的一项系统工程。不仅要考虑到公共空间的各种可能性、空间的尺度与比例关系、作品的造型，还需要重点考虑作品和环境之间的衔接，符合并满足人的行为和活动需求等。只有在各种积极因素的驱动下，作为一种公共艺术作品或具备某种功能的景观构筑物的形式，才能够真正参与到整个城市设计与建造过程中，才能对城市景观环境起到良好的优化作用。

随着信息时代的到来，出现了在虚拟网络上的公共空间。这个现象很好地解释了城市“公共空间”其本身并不局限于城市物质空间的意义，而是更注重提供一种相互了解、交流、沟通平台的意义。虚拟网络中的“公共空间”打破了传统的时间和空间的界限，为创作增加了深度和广度。

公共空间的特点限制和引导着公共艺术和景观构筑物的创作。就像前文提到的艺术家与设计师会通过现场考察来判断创作的基本思路一样，

他们还必须遵循场地的各种隐藏却非常重要的限制性条件。例如，在交通要道或者路口应该考虑到避免遮挡来往车辆的视线，避免使用高反光材质；在以山体为主的自然风景区，应该设置限高，避免破坏山脊线所勾勒出的美妙的天际线等。与此同时，人在某类公共空间中的行为活动规律对创作也具有特别强的引导性，例如在河岸休闲空间进行公共艺术创作的时候，需要考虑相较于车道一侧人们更喜欢沿着水岸边行走，应该考虑到保持沿河步行道的连续性。但是对于大部分的规律并没有详细写入技术法则或者设计规范，这就需要我们对场地进行细致的观察，重点关注前期研究工作。因为，那些违背和影响大众行为规律或是与当地文化格格不入的作品，最终的结果通常是被拆除或者被移走。

另外，还有一些公共空间的客观因素需要艺术家和设计师结合设计所预期达到的效果来进行综合评估及考虑。比如说，公共空间周围建筑的风格特点、高度、立面的材质肌理、色彩，这些因素都是没有办法进行改变的，那就需要思考作品最终产生的效果是希望与环境协调融合还是追求引起视觉冲击力。

公共空间强调空间被不同人使用和容纳不同的活动内容，具备多元的社会元素共存与交融的能力。卡尔在《公共空间》一书中将公共空间定义成“开放的、公共的，可以进入的个人或群体活动的空间”（Carr，1992）。他指出，公共空间可以被人使用，首先在于它可以允许人进入的特征。他进一步把空间“可达性”归纳成三个方面：实体可达性（physical access），即空间可以方便人进入；视觉可达性（visual access），也就是空间在视觉上可以被感受并且具有吸引力；象征意义的可达性（symbolic access），也就是空间对观察者产生空间含义上的吸引力。这三个层次“可达性”中，尤其是最后一个“象征意义的可达性”的实现，很大程度上这个责任是落在公共艺术肩膀上的。所以，我们应能理解当公共艺术或者景观构筑物通过适当的方式介入公共空间时，二者就成了一个共同体，其二者的“公共性”也就随之增加了。

二、空间和造型

空间（Space）是与时间相对的一种物质客观存在形式，通过长度、宽度、高度、大小（体积形状不变）、时间表现出来。“空间”在哲学上是抽象概念，其内涵是无界永在，其外延是一切物件占位大小与相对位置的度量。“无界”指的是空间中的任何一点均为任意方位的出发点；“永在”则是指空间永远出现在当前时刻。这一部分从公共艺术与景观构筑物自身角度出发，探索作品造型空间。

空间不只是公共艺术的存在方式，同时也是公共艺术和景观构筑物创作过程中要不断研究、探索的重要因素。事实上，公共艺术和景观构筑物对空间具有分隔和联系、加强和削弱、冲突和调和等的作用，它们的发展也可以看成对空间不断探索的一个过程。

分析艺术家及设计师不断追求新的可能性和突破的心理，开始阶段有可能是对体积感、分量感的追求。欧洲文艺复兴伟大的雕塑家米开朗基罗特别注重雕塑的整体团块性，其雕塑作品都给予观者一种团块的体积感。他曾说过：一个优秀的雕塑从高山上滚落下来是不会受到损坏的。所以“在西方文艺复兴雕塑发展史上，所有的雕塑都是以凸起为主要特征的，雕塑被理解为一块朝外凸起的球状或圆柱体的聚集物”。在20世纪的西方国家，很多著名的公共艺术作品中还是会受到传统雕塑的影响，维持以体量感、体积感为主导的审美趋向，其中就包括英国雕塑家亨利·摩尔（Henry Moore，1898—1986）及法国雕塑家阿里斯蒂德·马约尔（Aristide Mailllol，1861—1944）的很多作品。亨利·摩尔本人在老年时曾表示，米开朗琪罗的确在很大程度上影响了自己（图4-1-1）。

图4-1-1　《夜晚》

20世纪的西方国家，受现代主义艺术的强烈冲击和巨大影响，其雕塑发展不管从材料、创作理念及艺术观念上都颠覆了对空间的理解与诠释，尤其是受立体主义的影响。从此以后，雕塑家、公共艺术家、景观设计师，均转向了对抽象空间的探索，在作品中大量出现镂空、孔洞的形态（图4-1-2）。“负空间”一词在《艺术词典》的解释为：“negative volume，negative space（负体积，负空间）。建筑、雕塑或绘画中被封闭的空余空间，它对构图具有十分重要的作用。”其实中国古代就有谈到对于负空间的理解，只是并未用到“负空间”这个词，它就是我们平常所理解的留白。在中国古典园林的设计中，十分注重虚实、隐显的对比。例如叠山，《园冶》作者计成认为：“楼面掇山，宜最高，才入妙，高者恐逼于前，不若远之，更有深意。”指的是叠山忌讳拥塞，要有虚实变化，才会引发无尽的联想。计成还指出“片山有致，寸石生情”。表示就单体的堆石来说，假石讲求有洞有穴有间隙，这样才会显示出玲珑、精致和巧妙。而对假山石审美的标准中，就包括对“孔洞”这类带有负空间形态的欣赏。这种带有负空间形态的假山石也是古典园林的景观构筑物的典型代表之一。

图4-1-2 Sheep · Piece

亨利·摩尔将这一空间的造型理念推向了成熟。作为一种造型元素，摩尔雕塑中的孔洞不只是让雕塑的空间关系和层次更为丰富，它还连接着雕塑的前后、内外，使其彼此沟通，结合我们的生活空间与自然风景。内部空间的脆弱性看似被外部形式包围和保护；而内部空间又扩张着外部空间的力量。摩尔作品中孔洞并不是偶然出现的，实质上它是摩尔在“空间”探索方面表现出的艺术个性特征。

有些艺术家受到20世纪50—60年代产生的后现代主义艺术影响，不再追求对客观事物的描绘，也渐渐地忽视对造型体积感或负空间的追求，而是开始将注意力转向对材料、形式、结构和空间本身的诠释，他们将艺术作为符号进行探索，造型形态有着抽象、结构、形式主义的意味，并通过与空间关系的协调处理，给人带来某种视觉美感，同时，还增加了时间维度。例如，美国艺术家亚历山大·考尔德（Alexander Calder，1898—1976）的活动雕塑，突破传统空间上的静态限制，营造了一个变幻的空间，为公共艺术和景观构筑物的创作开启了一扇新的大门（图4-1-3）。考尔德的作品有的放在室外，有的悬挂于金属线上，通过机动、风动、手动、直接悬吊等方式，让作品时刻都展现出不同形态，让观者感受空气在流动、空间在转换（图4-1-4、图4-1-5）。与此同时，他把三维空间之外的另一种感受，也就是时间的概念融入雕塑作品创作中。随着雕塑作品的运动，时间也在流淌。

图4-1-3　《三翼》

图4-1-4　《人》（*Man*）

图4-1-5 《鹰》（*Eagle*）

随着科技发展，新媒体技术的利用，对于时间维度的探索只是一个开始，科技进步为公共艺术在很大程度上拓展了在空间造型上的可能性，声、光、电、水、气、雾和植物等生物材料都被运用于城市公共艺术作品的创作当中。

三、尺度和比例

尺度指的是空间或者建筑物、人或物体之间的比例关系，还包括这种关系给人的感受。设计师和艺术家通过对尺度的把握来营造空间的变化。尺度是公共空间的一个基本特征，空间则是多种变化尺度的组合。人作为衡量尺度的主体在空间与尺度关系中是最为重要的因素。人体工程学和环境心理学的方法为景观构筑物和公共艺术设计提供了人与物关系的可靠依据，特别是景观构筑物，更是应该根据人体工学的尺度数据加以设计。通过测量手段，能够让人体对空间尺度等需求量化，合理解决景观构筑物设计与人的关系，从而创造舒适的城市景观环境。所以，在创作和设计中首先需要了解的就是人体的各种生理尺度，人体的不同姿势和活动所需要的空间尺度是创作的基本依据。例如，通常而言，45厘米为人体最舒适的坐姿高度；一个单独行走的人需要600 ~ 720厘米的宽度，而两个人就需要1000 ~ 1350厘米的宽度等，这些尺寸有关景观构筑物最终的使用及观赏效果。同时，因为不同人群的不同人体尺度标准，在“以人为本”的城市空间营造中，还要求在设计过程中考虑儿童、老人以及残障人士等群体的行为、姿势、尺度以及特殊要求来进行专门设计。

人体感知尺度和空间的方式主要是视觉、听觉和触觉。人类从3岁左右开始具备空间感知能力，可以逐步分辨大小、多少、长短、前后。这种初步的空间知觉是随着人的视觉和触觉发育共同发展起来的。但是，人能看见和认知物体是有生理学上的限制的。若我们不转动眼球，我们仅能看见很小的范围——大约1° 内的精确细节，在接近30° ~60° 的视野里，可以明确分辨物体的形状，不过角度达到120° 的时候，物体渐渐地模糊。超出这个角度我们需要移动才可以看清物体。

尺度这一概念，往往作为营造空间的准则及公共艺术和景观构筑物的外在表现的依据。实际空间中对尺度的把握并非纸上谈兵，不能只是从平面图或立面图上来计算，而应该从作品设置现场的空间透视角度来确定。要充分了解各种场地、设施、小品等的尺寸控制标准和舒适度，不仅要求平面形式优美，更要有科学性及实用性。

针对公共艺术和景观构筑物来讲，从心理角度，还有一种常见的分类方式，也就是超常尺度、自然尺度以及亲切尺度。超常尺度指的是违反自然视觉规律的作品，这种作品引领着人们从全新的视角观察事物，重新唤起人们对常见、熟悉事物的新鲜感，使人产生新的思考、想象或产生惊叹的心理感受；自然尺度指的是那些符合人类对客观世界视觉感知规律的作品，试图让作品表现本身自然的尺寸，使观者可以度量出自身正常的存在；亲切尺度指的是那些尺寸较小、使人们感到可以亲近，可以触摸，不会产生心理上的排斥。这种划分原先是对建筑创作所提山的，但是公共艺术和景观构筑物也是可以参考的。我们增加了一种区域性尺度，用它来指那些更广阔范围内的作品，比如大地艺术（Earth Art）是指艺术家以大自然作为创造媒体，将艺术和大自然有机结合创造出的一种富有艺术整体性情景的视觉化艺术形式，还有类似英国《最长的公共座椅》（*The Longest Bench*）的作品（图4-1-6）。

图4-1-6　《最长的公共座椅》（*The Longest Bench*）

在欧洲，雕塑创作的传统经验认为，人的视野决定了观看雕塑的最佳点。比较三种视点：比例是3：1，相应视角接近18°；比例是2：1，相应视角接近27°；比例为1：1，相应视角接近45°。在公共空间里一般不推荐使用观看者和空间边界是1：1的比例。因为这时往往看不到天空，观看者会感觉非常狭小局促。有时，为了避免因过近观察而导致的形态失真，不少古老的纪念碑和雕塑的周围会设置绿篱、栅栏或者高起的台阶。日本建筑师芦原义信也提出过关于外部空间尺度的建议，他认为："关于外部空间，实际走走看就很清楚，每20～25厘米，或是有重复的节奏感，或是材质有变化，或是地面高差有变化，那么即使在大空间里也可以打破其单调，有时会一下子生动起来。"

四、公共艺术与人的活动

在公共艺术和景观构筑物的设计中，人的活动是必须要考虑的因素之一。人和环境的关系是塑造和被塑造的关系，也就是说，环境塑造了我们，我们塑造了环境。这就决定了在城市景观环境中人不仅是构成者，同时也是体验者。公共艺术与景观作品与人们的日常生活密切相关，以为大众服务为目的，人们是观赏者、使用者、体验者。然而，人对作品的参与活动并非一个被动的过程。人们通过感知、想象、联想以及体验等一系列积极参与活动对作品的形象进行完善与补充，并衍生出自己的观点及态度；在心理上，人们的好奇心理、审美心理、生活习惯、文化背景等因素，成为吸引力的组成因素。

通常，互动类和体验类的作品可以最大限度地调动人们参与的热情，使景观环境与人的关系越来越紧密和熟悉。例如，一个类似井口的装置会引起人们的好奇心，而走过去张望，可爱的动物雕塑或者卡通人物往往会吸引儿童的注意；多媒体影像与喷泉的结合在夏季则会吸引很多大人和小孩在那里嬉戏玩耍；反光材质的公共艺术作品能够让所有经过这一作品的人们都成为其中的景色；一座楼梯造型的构筑物就会吸引人想要去攀爬；一件音乐装置更容易引发人们参与；能够移动的装置会吸引人走过去推动等，这些有意识或无意识的参与使得公共艺术和景观构筑物变化多样。

此外，这种关系还体现在空间上的相对位置和组织结构，也是最基本的人的活动和城市景观的相互作用方式。在某一休闲广场上，会散布着不同的人群，有老人也有小孩，有的行走，有的停留；这些人群因为各自不同的需求出现在广场上的不同位置，并且和广场上的事物有着不同的联系，比如需要消解疲劳或者长时间等候的人们会选择坐在台阶、花坛以及喷泉的边缘上、室外长椅或者类似于凳子的物体上，而希望快速经过的人则会选择最短的或是受干扰最小的路线；人们有些时候会更愿意在接近墙体或构筑物旁边站立是人类本能地在寻求心理上的依靠。所以，在进行设计的时候应该考虑使用者的行为习惯与心理特征。

一件成功的作品不仅要满足这些基本条件，也要具有足够的吸引力来引起人们参与的兴趣。互动类和体验类景观构筑物正成为现代景观设计追求的目标。由于只有良性的互动，才可以拉近艺术和大众之间的距离，培养起城市和市民之间的情感，才可以实现艺术与大众真正精神上的“交流”，增加人们对于城市与民族文化的认知与认同感，进而爱上这些艺术和这座城市。

五、公共艺术与环境的衔接

一件优秀的景观作品或者公共艺术作品是可以和周围环境统一协调的，人们看到的不只是其本身，而是这件作品和周围环境所共同营造出来的整体效果。所以设计中要整体地考虑各种环境因素，避免产生严重的冲突和对立，要保证形成和谐舒适的景观氛围。掌握人们活动的规律能够构成景观小品和人群间的合理关系。

环境的构成要素有很多，除了自然景观要素，例如河流湖泊、天空、海洋、石头、山丘、动植物等，还包括文化、观念、制度等社会要素。我们平常所说的景观环境指的就是各类自然景观资源与人文景观资源所组成的，具有观赏价值、人文价值以及生态价值的空间关系。设计的时候，若仅仅考虑功能，那么各种要素的堆积就会让城市景观杂乱无章，所以要考虑到各种环境要素。在不同的景观环境中，构成的要素不同，要素的特点也有一定的区别。例如，在商业中心区的环境中，主要构成要素有车行道路、建筑物、广场、大型交通站点、通勤人群、购物人群，人流较为密集，人行走的速度较快，建筑物密度较大，视线空间较狭窄，色彩以城市建筑物和人造景观为主；在公园景观环境中，主要构成要素为天空、步行道、花草树木、草坪、水池等，人群主要以休闲、散步、娱乐、运动为主，通常速度相对缓慢，视线较为开阔，以大自然的色彩为主要背景。公共艺术和景观构筑物的设置具有相对的固定性，设置后通常在很长一段时间内是不被任意搬迁的，因而在设置或者创作的时候，应该结合当地环境中的各个要素与实际情况进行综合考虑，从而确定作品的形式、内容、色彩、材质、尺寸、位置等，只有经过科学的考虑，才会有成熟的设计成果。

通过与其他景观的组合，公共艺术与景观小品还可以增强环境特征，不仅会让环境舒适宜人，而且可以让环境具有感染力、表现力以及影响力。美国著名大地艺术家罗伯特·史密森（1938—1973）是最早在自然环境中表达明确观念的艺术家之一。他的作品《螺旋形防波堤》以壮阔的大自然为场地和画布，将观念融入其中，在艺术探索的同时，他特别追求这种人造痕迹和大自然原始痕迹间的对比效应，蕴含着保护自然环境的深邃内涵，并为观念、行为、材料以及自然这四个因素的结合找到了一个完美的突破口（图4-1-7）。

图4-1-7 《螺旋形防波堤》（*Spiral Jetty*）

因而，我们不可以将公共艺术和景观小品的创作简单地理解成是环境空间中增添的艺术品，事实上，它们直接表达了人们对环境的态度及观念。所以说，在实际创作中，应该结合环境不同特质，综合考虑作品的创作内容与表现手法，使其与环境形成一种和谐的关系，传递人与环境关系的正能量。

第二节 强调视觉美感的风格

美是一种抽象意识，是人们对生活与自然的感觉。城市公共艺术将美亲切化、具体化、深刻化、生活化。人与生俱来的能力就包括审美能力，城市公共艺术作品只有符合大众视觉审美的基本要求，才有可能实现美化城市环境的价值。

英国欧威尔雕塑小道（The Irwell Sculpture Trail）是英国最大的区域性公共艺术项目，由本国和国际艺术家共同创建，有28件艺术作品同绕着一条38米长的小路展开。其中有一件作品名为《在画里》，作者为查理·卡因克（Richard Caink），作品是一个传统的镜框矗立在草地上，镜框里呈现出山谷的美丽景色，作品纳入了自然风景这一元素，而传统的镜框总是与风景油画相联系，参观者不仅可以从画框中看到山谷里的景色，也会联想到这里曾经发生的一些故事。随着季节气候的变化，画框的“作品”也呈现出不同的美景，可以说是典型的以视觉审美为主题的公共艺术类型（图4-2-1）。

在加拿大埃德蒙顿的Borden公司里竖立着一个色彩绚烂的名为《拱形垂柳》的亭子（图4-2-2），作品由条纹鳞片结构组成，以三种不同厚度的鳞片原件用数字化的方式装配，突出接头处的彼此叠加，整体呈现出轻盈、超薄、自我支撑的结构特征，色调色彩源自直接接触的环境，蓝色和绿色与合成的洋红色相混合，经过纯度上的处理，使彩色亭子和周围公园景致呼应呈现出特别的美感。

图4-2-1　《在画里》

图4-2-2　《拱形垂柳》

《金色树木》是由英国艺术家汤姆·普赖斯（Tom Price，1956— ）创作的。他为伦敦西敏寺大法院的花园创作了一组富有意境的艺术装置，装置的主体是一棵跨度12米的树木，这棵使用青铜和塑料锻造的树木，其蔓延的枝桠奔放地穿梭在背后那一片绿油油的树篱中，闪耀着金光，创造了一片童话般的美丽图景。树下还有三块来自波西米亚北部的大石头，艺术家在这些切割石头的切面上镀上闪亮光滑的青铜，小朋友可以放心地在上面滑动和探索。整个作品从题材、质感到形式表现，都透出了对视觉美感的追求（图4-2-3）。

图4-2-3 《金色树木》

第三节 具有隐喻性内涵的风格

所谓隐喻，指的就是在两种事物之间进行的含蓄比喻，用一种事物暗喻另一种事物，是创造性、语言、理解以及思维的核心。在城市公共艺术作品中巧妙地使用隐喻，对艺术表现手法的生动、简洁、强调等方面具有十分重要的作用，比明喻更为灵活、形象。隐喻性内涵的公共艺术作品往往通过在“彼类”事物的暗示之下感知、体验、想象、理解、谈论“此类”事物的心理行为、语言行为以及文化行为。

澳大利亚著名景点邦迪海滩上设置着一组由4m^{3}的网状笼子构成的特别装置《21海滩单元》（图4-3-1），该作品获得了国际公共艺术奖，网状笼子与周围海滩的环境形成剧烈的反差，笼子里除了蓝色气垫、海滩遮阳伞以外还有令人不安的黑色塑料袋，尽管海滩上阳光明媚，参与者在其中还是可以听到海浪拍打沙滩的声音，但是却感受到被笼子束缚住的囚禁的心理暗示。作品将快乐和不安融合在一起，通过颠覆现实来揭示在平凡时的不安感。从更深层次看，作品还意在隐射当时澳大利亚的政治气氛，例如难民被拘留在国外的中转站、附近的克罗纳拉海滩上爆发的种族骚乱和政府在移民问题上的僵化立场等，反映出强烈的对现实的批判。

图4-3-1　《21海滩单元》

例如，德国艺术家爱华特·海格曼（Ewerdt Hilgeman，1938—　）始终迷恋“伪造的空气”，他使用不锈钢板焊接成集装箱式样，用工具和力量敲打成型，使其给人一种“抽取”掉内部空气的形态，从而造成一种被雷击过或者经历过爆炸一般的视觉效果。他曾说过：“对我来说，爆炸代表能量向内螺旋到达核心的物质的奥秘，能创造出极致之美。”通过这种扭曲被破坏的形态，传递给人们一种自然界力量的无限强大之意（图4-3-2）。

在瑞士的施恩赫雕塑公园（Sculpture at Schoenthal）中也有几件隐喻性的公共艺术作品。例如，英国著名雕塑家托尼·克拉格（1949—　）的堆石作品《侏罗纪景观》，看起来是一堆简单的石块，却仿佛承载了对生命轮回和历史变迁的无限感慨。奈吉尔·霍尔（Nigel Hall）的钢板雕塑《春天》将一个巨大的梳子横向放置，造成梳齿从地下向上生长的姿态，这是运用机械形式体现人类的创造力。大卫·纳什（David Nash）的《两个烧焦的导管》，手法简单明了，通过表现两棵烧焦的树干再现了自然界的悲剧，有强烈呼吁保护自然生态的社会作用（图4-3-3）。

图4-3-2 《伪造的空气》（*Cerberus*）

图4-3-3 《两个烧焦的导管》

从以上内容中能够看出，隐喻性公共艺术通常采用一些简单的结构物及元素，通过合适的形态表现作者的思想观念，人们通常需要细细体会才会理解其中含义，但是正是这种含蓄的手法，才会引发人们对作品进行深入思考。这也是隐喻性公共艺术奇妙的地方，显示了城市公共艺术可以引导人们反思与批判的价值和作用。

第四节　突破地域限制的风格

从本质上来讲，公共艺术是体现本土文化的，展示了一座城市空间的文化特征，展示了这座城市的人文特征，而且还体现了环境的特殊性。此外，艺术家的创作个性及其作品的相对独立性同样会受到地域文化的影响。所以说，要真正理解一件异国他乡的公共艺术作品可能需要了解作品的创作背景、艺术家的创作理念等。不过，公共艺术作为一种公共的艺术表现形式和形式语言符号，又可以超越普通语言的限制，实现特别强的传播性与表现力。这一类作品如同音乐一样，无论是中国人、欧洲人还是美洲人、非洲人，不分语言，不分种族，不分贫贱和富贵，都可以十分清楚地理解它们的含义。它们将人类看成地球的主人，拥有全世界共通的主题，可以引起人类心灵共鸣，对于人类交流及人类文明的发展具有促进作用。

在联合国总部花园里，有一个近乎黑色的青铜雕塑，名为“打结的手枪”，这是一把枪管被卷成“8”字形的左轮手枪，是卢森堡于1988年赠送给联合国的。它的构思和造型非常巧妙且独特，寓意着联合国的主要职责为“以和平的方式解决国际争端，维护世界和平”，符合联合国的宗旨，被展示在联合国总部的大门前。它站在全球的高度上和全世界人类进行交流，提醒着人们战争带来的危害，应制止战争，禁止杀戮（图4–4–1）。

图4–4–1　《打结的手枪》

这类城市公共艺术作品总是可以突破地域限制，突破种族、时间、年龄、文化、性别的限制，运用人们最直接、最熟悉、最易于理解的符号和形式表达情感和传递信息，受到全球范围内的观众的广泛理解和认可（图4–4–2）。

图4-4-2　《气球狗》（*Balloon dog*）［美国当代波普艺术家杰夫·昆斯（Jeff Konns）］

美国波普艺术家罗伯特·印第安纳（Robert Indiaria，1928—　）的作品构成通常源于大众传媒、流行文化和商业广告这些非抽象表现主义的元素，他创作的“LOVE”雕塑已经遍及全球各大城市，例如纽约、东京、新宿以及我国的台北、上海、杭州等（图4-4-3）。“爱”是举世共通的语汇，这样的主题可以拆除东西文化、种族、本土以及国际的藩篱，仿佛发声祈祝举世和平、共荣。同时关于“爱”的题材，还有很多其他艺术形式和介质可以表达。

图4-4-3　《爱》（*LOVE*）

第五节　引发情感共鸣的风格

人对于客观事物是否满足自身需要而产生的态度体验即为情感。情感包括两个方面：道德感和价值感，具体表现为幸福、爱情、仇恨、厌恶等。情感是人适应生存的心理工具，可以激发心理活动及行为的动机，同时也是人际交流的一项重要手段。情感性公共艺术总是可以让人产生心灵上的触动，营造出富有感情色彩的空间氛围，使环境具有勾起回忆、引发情感体会的共鸣、激发想象等功能。

美国公共艺术家汤姆·奥特尼斯（Tom Otterness，1952—　）是美国作品最丰富、最优秀的雕塑家之一，他的创作过程及个人经历有很多波折和挣扎，其创作形式在20世纪80年代之后渐渐地明朗，找到了自己独特的风格。在其作品内容方面，他喜欢通过叙述手法来表现作品，如同电影里的一个个分镜头，作品中的人物形象以夸张的手法体现出人们喜怒哀乐等情感（图4-5-1）。

图4-5-1　《痛哭的巨人》（*Crying Giant*）

美国女艺术家罗西·赛迪夫（Rosie Sandifer）的作品《巢》被某美术馆短期出借作为公共艺术展览，这部作品所刻画的是一位母亲怀抱着女儿，母女相互依偎依靠，作品被置于路边的长椅上，任何市民和观众均可以近距离欣赏，透过这部作品可以体会到母女间的无限温情（图4-5-2）。

图4-5-2 《巢》

还有一件作品也是有关军事题材的，名为《回家》（图4-5-3），纪念第二次世界大战后归家的士兵与妻子和孩子紧紧相拥在一起的画面，观看者可以体会作品所传达的一家团聚的无比激动和喜悦之情。而澳大利亚国王公园（Kings Park）一组已经灭绝的动物双门齿兽相拥的雕塑也同样体现出无限的柔情（图4-5-4）。

图4-5-3 《回家》（位于美国加利福尼亚州圣地亚哥，“二战”胜利纪念雕塑）

图4-5-4　《双门齿兽》

毫无疑问，这些作品会打动人心，是因为这些作品的设计源于人类自身真实真切的丰富情感，情感性公共艺术就是通过艺术语言的情感性来表现思想情感和价值取向观念，使人们在欣赏过程中受到艺术的感染而产生情感上的共鸣，从而达到思想上的触动和升华。

第六节　注重材料质感的风格

城市公共艺术作品中，将对不同物象用不同材质及技巧所表现的真实感叫作质感。不同物质的表面的自然特质叫作天然质感，例如空气、水、岩石、竹木等；而经过人工处理的表现则叫作人工质感，例如砖、陶瓷、玻璃、布匹、塑胶等。不同的质感会给人不同的感觉，例如软硬、虚实、滑涩、韧脆、透明以及混浊等。

我们经常在公共艺术作品中见到的材料主要有石材、木材、玻璃等，其中石材主要有大理石、花岗岩、青石、砂石等。设计者需要了解不同石材的颜色及属性，从而便于根据创作内容和形式进行石材的选择，因艺施料或者因料施艺。由于木材本身拥有自然纹理及清新香味，所以深受雕塑家们的喜爱。在室外环境选用木材创作公共艺术作品的并不多，因为它经日晒雨淋后容易开裂变形、发霉变质，经过防腐处理后，在室外条件下保存时间也较短，因而存在不够永恒的局限性。玻璃是一种比较透明的固体材料，因为它的永恒性和挡风、遮雨以及透光等特性，被广泛应用于建筑、科技、艺术以及生活用品等方面（图4-6-1）。

图4-6-1　《再生玻璃户外雕塑》

——（Tom Fruln与Core Act合作建造，位于捷克布拉格国家剧院外的装置作品）

复合材料除了可以通过各种工艺仿制全部传统材料以外，还能够利用不同的复合材料来产生不同的艺术语言及艺术效果。复合材料应用在公共艺术作品中出现最多的为混凝土、玻璃钢、复合铜、PVC（聚氯乙烯）、光导纤维等，随着人类科技的发展各种复合材料仍然在不断地被开发和利用。

镜面反射装置是位于上海新天地的一个街头公共艺术作品（图4-6-2）。这部作品安置在马路与步行广场之间，与城市以及其中来往的人群发生着

图4-6-2　上海新天地商业街的镜面反光装置

关联。这个30m长的公共装置是一整块造型扭曲反转的钢板，钢板表面做镜面处理，路过行人的身影会被反射。作品设计的初衷是希望这个装置成为公共空间的一个焦点，可以吸引周围的公众，人们路过这里仿佛就是在走秀，在这里看自己也看别人，看与被看发生崭新的关系，并且产生一种全新的理解周围观点的方式。这个大型的反射装置把购物中心的地面、城市景观、过往的行人关联成为一个运动的图景，对彼此间的关系做了全新的诠释，在该作品中，最为引人注意的特征便是镜面不锈钢的特质。

《树林旁》的创作者狄波拉·巴特菲尔德在蒙塔纳拥有自己的农场，他在训练马匹时获得了许多的创作灵感，他认为雕琢一匹生动的马与用驯养的方式“打造”一匹好马存在异曲同工之处。早在1970年，巴特菲尔德就已经开始尝试采用不同的材料去创作个性化的马匹雕塑，不管是线绳、木头、金属废料、泥土砖灰还是稻草，都使他的作品具有可圈可点的细节。《树林旁》在技术上来说可谓精品，巴特菲尔德选择用青铜材料仿制木棍、树枝、树皮、石膏等材料的质感，制作出每块“零件”的形状后组接成这个高大的动物。最后将每块“零件”分别上色，仿造出木棍树枝原始的样子。这种视幻觉的方法非常成功，因为很多来公园的游客都相信这匹大家伙是用真正的木头做成的。我国浙江玉环县大鹿岛雕刻是优秀的公共艺术代表作品，作者洪世清以“人天同构”的艺术创作观念，独自一人在小岛上居住生活，所以，他对于作品的深思巧构是顺乎自然的（图4-6-3）。他的创作坚持其独创的3个“三分之一”原则，也就是三分之一凭天成，三分之一靠人工，三分之一交给时间。大鹿岛岩雕作品包含的内容都是海洋生物，包括海龟、海豚、海鱼、海虾、海蟹等，他采用不求形似但求神似的大写意手法，依据礁石悬岩的天然形态，因势象形，在艺术家眼里，每一块奇礁怪石都富有灵性，只需要稍加雕琢就能够呼唤出它们的生命。岩石扎根于海角山林间，让观者在探险的途中无意间发现，便有了一番徜徉大自然的轻松和野趣。

奈德·康（Ned Kahn，1938—　）是美国著名的环境艺术家和雕塑家。他通过大量的技术手段，通过大型雕塑以及装置艺术将自然界中的基本元素如雾、风、火、光、土、水等所带来的自然景观呈现在观众面前。他所设计的作品《雨魔环》正是展现了水的伟大力量。这一作品位于新加坡滨海湾金沙，于2011年完成，是一个天窗和雨水收集的集合体，内部有一个直径70英尺的大碗和下降2层以下的游泳池。水直接放入碗中，1小时内开闸和关闭水泵几次，以便保持漩涡的形状和强度一直在发生变化（图4-6-4）。

图4-6-3 《海龟》（洪世清的中国浙江省玉环县大鹿岛岩石雕刻作品）

图4-6-4 《雨魔环》［奈德·康（Ned Kahn）］

随着时代的发展，艺术家们对于现实生活的理解、思维方式的变化、观念的更新使得当代公共艺术已完全打破了材料和观念的限制，任何新科技、新能源、新材料均可以作为传达公共艺术语言的载体。这些材料经过艺术家们有目的的特殊组合加工，而产生了审美价值、思想内涵或者某种功能之后，都可以成为优秀的公共艺术作品，这也是现代城市发展的一个必然趋势。

第五章　城市主题公共艺术案例分析

城市主题公共艺术丰富多样，如老工业基地主题公共艺术、雕塑主题公共艺术、城市文化公园公共艺术、城市广场公共艺术、商业设施公共艺术等，本章从这几方面分别列举几个案例进行分析，以更好地理解城市主题公共艺术设计。

第一节　辽宁老工业基地主题公共艺术案例分析

辽宁老工业基地是东北乃至全国老工业基地的典型代表和历史缩影，在如今的工业文化建设中具有划时代的作用和意义。工业的兴起与发展一直以来都是老工业区走向现代化的发展原动力，而历史文化建设更是老工业区是否能够可持续发展的一个关键问题。怎样为如今发展迅速的老工业区注入文化内涵，恢复老工业区历史记忆，建立城市人文和场域精神成为人们研究的重要课题。与此同时，满足老工业区住民的区域精神诉求，营造美观宜居、富有情趣的生存环境等文化建设问题也为人们所重视。

开展主题公共艺术项目建设，打造历史文化品牌城市毫无疑问已经成为辽宁老工业基地振兴改造的新战略决策。从中国开展高速城市化进程近几十年来，城市建设的明显特征为从规模向质量转型，城市文化水平与文化氛围就是评价城市的一个重要依据。而公共艺术作为环境的一个组成部分或是环境规划里的一个表现样式，正是通过与公众互动产生精神和物质成果，并且以此形成对区域文化的暗示与影响，从而带动起城市文化潮流。主题公共艺术项目的建设对于辽宁老工业基地而言非常重要。

辽宁阜新是一座因煤而立、因煤而兴的资源型城市，在“一五”时期全国156项重点建设工程中，有4个煤电项目建在阜新。20世纪50年代的海州露天煤矿就是其中的重点工程之一，海州露天煤矿是亚洲第一、世界闻名的现代化大型露天煤矿，在百余年的开采历程中，海州露天矿创造了数不胜数的中国乃至世界上的“第一”，可谓是中国现代工业活化石，为中国经济建设做出了巨大的贡献。随着海州露天煤矿于2005年由于煤炭资源枯竭而宣布破产关闭的同时，人工废弃矿坑对生态环境的威胁、城市失业人员骤增以及经济迅速衰退等深层次问题也接踵而至。国家政府对这个废弃的百年老矿进行了重新规划，要将这座衰败沉寂的矿山建成富有朝气、绿色环保、永续利用的工业遗产旅游区，并以此为核心打造世界工业遗产旅游城。海州露天矿于2005年被国土资源部列为全国第一批28家之一、辽宁省唯一的国家矿山公园，2009年，国家旅游局又将其批准为全国首家工业遗产旅游示范区，发展到今天，海州露天矿国家矿山公园（图5–1–1）是在露天采矿遗址上建立的集旅游观光、科普实践、工业忆旧、商务休闲、传统教育、探险体验于一体的世界现代工业遗产旅游项目，同时也是全国第一个资源枯竭型城市转型试点的城市。

图5–1–1　海州露天矿国家矿山公园

矿山主题公园地处露天矿坑北，由六部分组成：公园正门、生态恢复示范区、矿山博物馆、矿山文化广场、矿坑观景台、矿山主题纪念碑。其中矿山博物馆、矿山文化广场、矿山主题纪念碑作为主题公共艺术项目进行建设实施，对露天采矿遗址的历史、特征元素、特色文化进行提炼，形成十分具有地域历史文化特征及精神内涵的老工业基地。矿山文化广场集中体现了海州露天矿生产期间穿孔爆破、采装以及运输三个关键环节中广泛应用的挖掘机、电机车以及潜孔钻机五种大型机械设备。老旧机械设备与现代广场的共融，使展示效果呈现出雕塑与装置的艺术效果，形成工业气息浓厚的场域感。公园内设有博物馆，分为科普馆和人文馆，两馆之间有地下通道连接。博物馆的设计理念为“科教强人、地质保护、科技节能”，共建有20余个功能区，包括地球与生命的起源、煤矿利用和人类生活、岩石和矿物赏析、矿产资源和环境保护、工业遗产和旅游开发等内容，是阜新历史上首个集科学性、知识性、观赏性以及趣味性于一体的大型地质矿山博物馆。两座博物馆中间正南方，矗立着一座书写“海州矿精神永存”的纪念碑，总高度为24.5m。纪念碑主体仿岩石组合造型，岩石缝隙中开出变体电镐，电镐上面是4组矿工群雕，主题分别是：创业豪情、宏图壮志、情暖千秋、辉煌岁月。寓意煤矿工人开天辟地的豪情壮志和拼搏向上的精神风貌。纵观公园全貌，可以说是从全方位、多层次展示了矿山历史和文化、高端休闲和大众娱乐、现代元素和怀旧情结完美结合的工业遗产旅游魅力。

第二节　沈阳老工业基地主题公共艺术案例分析

沈阳铁西区老工业基地主题公共艺术项目建设工业的兴起与发展一直以来都是沈阳铁西走向现代化的主要动因。在老工业基地加速全面振兴的进程当中，铁西区选择以主题公共艺术项目的开发建设来照亮了老工业区的历史文化色彩，在促进铁西区振兴发展中找寻老工业基地在当下的新境界、新领域以及新高度。以工业文化长廊、中国工业博物馆、工人村生活馆、重型文化广场、铁西1905创意文化园、劳模园为代表，形成“一廊、一场、两馆、两园”的工业文化格局（图5-2-1）。

图5-2-1　沈阳老工业基地

“晨曲”“暮歌”“工业乐章”等主题鲜明的公共雕塑于2011年5月亮相铁西建设大路，形成了以公共艺术景观为轴线的工业文化长廊。与工业文化长廊相连接的是充满了工业文化气息的沈阳铁西重型文化广场。这个广场是以高26米、总重量400吨的动态主题雕塑“持钎人”为标志、以沈重集团原址改建而成的大型广场。广场上的雕塑、公共设施多数为工厂没搬走的废旧物品改造的。例如，废弃电炉盖通过创意设计成了休闲座椅，三通管摇身变成果皮箱，巨型螺栓成为市民广场的护栏等。纵观“一廊一场”，不管是迁移改造，还是整合重建，均展示出了老工业基地特有的场域感。

建设再现文化创举“两馆两园”，一方面实现老工业文化场馆在经济振兴战略中的重构，另一方面则是针对文化展示与民众生活要求进行建构园区的整体规划。所以涉及历史建筑在重构过程中针对新的建构条件和使用功能进行包括外部环境与内部空间在内的二次设计。“两馆两园”为社会及民众提供了文化教育资源和空间。公共艺术建设项目以“场馆文化”的形式带动起一股来自铁西老工业区的文化热潮，“两馆两园”成功地从工业文化遗产的保护，向工业文化内涵的深度与广度进行了一次前所未有的挖掘和开发。这毫无疑问为铁西老工业基地在经济上的振兴增添了无穷的动力与活力。

如今国家十分关心沈阳老工业区全面振兴改造建设，沉寂已久的沈阳老工业文化产业需以此增添新的活力，这恰好是公共艺术文化产业与城区改造项目面临的最好历史机遇期。沈阳地处沿海，城市化水平较高，基础设施较为完善，自然资源非常丰富，产业基础可谓雄厚，科教优势十分明显，具备了加快调整改造与振兴的基础，更应抓住契机促进城区历史文化建设和城区改造建设双赢局面。实现沈阳老工业基地的振兴，将有利于全民经济持续增长和促进地区经济协调发展，同时也将推进国有经济结构的战略性调整和提高产业和企业的国际竞争力。实践证明，主题公共艺术项目所带动的文化建设为经济发展的催化剂，以公共艺术项目建设促进老工业基地文化产业发展是实现沈阳工业文化价值的一条重要途径。

第三节　以雕塑为主题的公园公共艺术案例分析

近些年来公园的发展趋于艺术性和原生态的结合，雕塑公园就是一个以艺术为主题公园的典型。公共雕塑的介入，使得作为公共区域的公园绿地有了“双重公共性”的特征。人们不仅可以在绿意盎然的公园中感受到自然气息，还可以欣赏艺术。雕塑的介入并非是生硬的，而应注重它的地域性与文化性，营造出和谐统一的氛围。

一、长春世界雕塑公园

长春世界雕塑公园坐落于北国春城的长春，具体位置是长春市人民大街南端，总占地面积92公顷，水域面积达11.8公顷，于2003年正式开放，是长春的城市名片，是第一批国家重点公园。长春世界雕塑公园的主题鲜明，是一个融汇当代雕塑艺术，体现世界雕塑艺术流派的主题公园。

横看现代雕塑风格，纵观世界雕塑历史，长春世界雕塑公园以拥抱全世界、欢迎全世界的姿态面向世界。园内聚集了来自200多个国家和地区、400多位雕塑家的雕塑艺术作品，可谓世界之最。而且，公园还举办过多次国际雕塑大会、国际雕塑展以及作品巡回展，还有国际雕塑艺术的交流，东方文化、非洲文化、印欧文化、拉美文化都汇聚在这里。

长春世界雕塑公园在规划设计中充分利用了自然地势与天然碧水的优势，采用传统和现代结合的设计理念，利用中西方造园艺术手法，体现雕塑的主题特色，以湖面为中心，并把山水、绿化、道路巧妙运用到整体规划中，成功打造出集自然山水与人文景观融合的一座现代城市雕塑公园，受到世人的称赞。

它的主题雕塑《友谊–和平–春天》（图5–3–1）巍然耸立于春天广场中央，气势宏伟，被誉为镇园之作。两大主体建筑“长春雕塑艺术馆”和“松山韩蓉非洲艺术收藏博物馆”则充分展示了雕塑艺术自身给建筑师所带来的设计灵感。除此之外，公园在虚和实、动和静、直和曲等手法设计上处理得非常成功。公园主入口罗丹广场和两侧弧形引导墙采用沿中轴线的对称布局，张弛有度，带来强烈的动感体验；友谊喷泉广场则利用不对称的轴线转折，通过跨湖平桥与主题雕塑遥相呼应。另外，罗丹广场、膜结构观景台与自然的山水地形、植物景观融为一体，高低错落，虚实映照。主环路、沿湖路环绕湖水和人工瀑布的设计，为观赏者营造了丰富多彩的韵律之美。

长春世界雕塑公园是城市的开放性公共空间，一直发挥着服务社会大众的基本功能，16年来，接待国内外游客几百万人次。近些年来，长春市政府再次大力创新，实现人性化服务，对其进行升级改造，开展众多大型公益文化艺术活动，得到了社会的积极响应。现在，长春世界雕塑公园以其独特的魅力及吸引力，已成为长春市乃至吉林省的形象标识之一，成为国际重要的雕塑艺术交流园地，在国际友好交往，创新、丰富旅游业态以及促进城市发展等方面具有不容小觑的作用。由此可以看出，雕塑作为城市公共艺术，在陶冶民众情操、精神文明建设、展现城市品格等方面发挥着不可忽视的作用与意义。

图5-3-1 《友谊-和平-春天》

二、石景山雕塑公园

北京石景山雕塑公园位于北京市石景山区八角西街，总面积3.6万平方米，启动于1983年，1985年正式向公众开放，1987年被评为“北京市优秀新园林”。它是我国建设的第一座雕塑公园，并以植物造园、雕塑造景的艺术园林实践在中国园林界首开先河。石景山雕塑公园的总体设计是由刘秀晨负责的，中央美术学院雕塑家盛杨主持雕塑策划。园中的雕塑作品都来自中央美术学院，并由中华人民共和国的雕塑奠基人刘开渠亲题“石景山雕塑公园”之名。

石景山雕塑公园作为“雕塑公园”这一新型公园的试验空间，其中一共安置了石雕、铜雕及其他材质共50多件的雕塑（图5-3-2、图5-3-3），以具象为主，体现了神话、人物的中国元素，开创了雕塑公园的先河。公园以雕塑为主题，绿化、建筑物、水景、道路等设施服从雕塑的布局设计，不过分突出建筑，但注重它们之间的结合，追求互为因果、浑然一体的艺术效果。

图5-3-2　《童趣》

图5-3-3　《憧憬》

石景山雕塑公园的绿化面积达到85%，与水景相结合，水面占5000平方米。公园可以分为四个区：林荫雕塑区、水景雕塑区、阳光雕塑区以及春早院。从公园的西大门进去，山丘上能够眺望整个园区西面的水景雕塑区。水景公园中最大的湖区由两座拱桥划分成三个部分，《水牛》《浴女》等雕塑点缀在湖景之中，湖心岛也有雕塑；林荫雕塑区以绿色植物为背景，雕塑比较多，不过也是分散在各处，有《花蕊》《卧虎》《港湾》《晚风》《牧羊女》等十几座雕塑；阳光雕塑区一组以“母爱”为题材的长50米、高2.5米的大型系列浮雕，吸引游客驻足。

整个园区体量最大的建筑是春早院，为了不削弱雕塑的主题与地位，设计者对它的建筑形式进行了革新，从色彩、具体建筑布局、植物配置等方面做了精心设计。

并且，在公园设计上充分利用原有地形并对其进行改造，形成各具特色的雕塑环境。在绿化设计上，园内80余种植物共万余株的配置，很大程度上提高了公园的观赏性。这些细节上的设计处理，都注重相互之间的补充，从而使得人们能够在这里欣赏雕塑作品、品茗、赏花、划船等，实现了与生活脉动、生活方式以及人群活动相结合的良好互动。

后来，公园进行了整修，并增添了雕塑、观景平台、基础服务设施等，更加突出雕塑主题，从美观性、安全性、实用性等方面对公园的功能进行了完善。

石景山雕塑公园体现了改革开放之后的新型文化气息，不仅回归到传统的人文风景，还以国际化的雕塑作为创新，展示了“植物造园，雕塑造景”的特色。所以，石景山雕塑公园还具有重要的历史意义。

三、月湖雕塑公园

自然的四季变化可以为公园带来丰富多彩的艺术效果，开辟相应的主题空间的公园如今已经不在少数。不过以春夏秋冬四季为主轴进行人为规划设计的公园却比较少，月湖雕塑公园则是这其中的成功典型案例。

月湖雕塑公园位于上海市松江区佘山国际旅游度假区内，群山环抱，依托山林与月湖资源，环湖而建。园区占地87公顷，一期67公顷，其中月湖面积31公顷，沿湖腹地33公顷。在设计方面，将月湖沿岸分隔为四季码头水岸，根据四季的特点，分别采用不同的建筑风格，塑造不同的景观，设计不同的功能。例如，春岸主要由水幕桥、钟乳洞、游客服务中心、水上舞台组成；夏岸主要有儿童智能活动广场、亲水沙滩、嘉年华游艺区等景点；秋岸主要有秋月舫餐厅、月湖美术馆、饮食服务设施、月山海会所等休闲文化项目。利用四季的轴线脉络，有机地把现代雕塑艺术、自然人文景观、休闲服务设施等合为一体，成功打造出一个非常富有特色的综合性艺术乐园。

月湖雕塑公园从2005年对外开放以来，就致力于推动艺术创作、艺术交流、展览、教学等活动，园内有20多座现代雕塑作品，来自法国、英国、德国、日本、意大利、澳大利亚等国家的雕塑大师之手。同时，月湖美术馆也会定期举办画展、艺术品展、车展等大型文化艺术活动，在自然山水之间营造出浓郁的艺术人文氛围，真正体现了其“回顾自然，享受艺术”的理念。

公园内沿湖岸错落布置雕塑作品有80多件，作品来自全世界十多个国家。这些雕塑作品都是以“月湖”为主题精心创作，恬美、闲适、温馨的风格，赋以“生命”意义的象征，展示了与月湖相契合的“水是生命之源”的自然意识。在这些作品中，月湖正中央耸立的巨形雕塑《飞向永恒》以其高超的现代化艺术造型，使无数的观众为之动容。还有意大利艺术家里卡多·卡德洛的杰作《流星》（图5-3-4）也是一件具有强烈结构和建筑元素的系列雕塑。

图5-3-4　《流星》

月湖雕塑公园的特色在于人工成分比较多，它从一开始就立足于雕塑这一定位，雕塑和园林两大板块平行结合的设计，使得人造景的文化意义在设计理念方面显得更为突出。月湖雕塑公园的典型意义——在初期规划中，雕塑和公园就进行了整合，使得雕塑从一开始就形成了它的品牌与艺术效应。

四、西湖国际雕塑邀请展

中国杭州第四届西湖国际雕塑邀请展于2012年11月22日成功举行，由杭州市政府、中国美术学院、中国雕塑学会等共同主办。不同于前三届“山-水-人”“岁月如歌”“钱潮时刻”的主题，此届的主题为围绕水与陆为生存之本，表现栖居与游观文明衍生的“水陆相望”，展览地点也改在更贴近水陆特色地域背景的西溪湿地国家公园。西溪湿地国家公园位于杭州市区西部，占地面积11.5平方千米。尽管距市区不过数千米，但是其环境幽静，植被繁多，是杭州的天然绿肺。

这次邀请展览作品秉承符合江南文化背景的原则，注重艺术作品与西溪湿地的空间的融合，重视地域空间与文化自身特色的艺术主题，力求强化互动，深化体验。展览由“守望”“相望”“秋望”共同组成。入选的作品有51件，国内作品40件，国外作品11件，分别来自巴西、德国、美国、法国、克罗地亚等国家。

作品不管是从形式、风格还是主题上，都是不仅考虑了传统的表现形式，同时也关注了具有当代审美取向的形式创新，作品整体追求艺术性、参与性、观赏性、互动性等的融合和统一，强调时代性与国际性的结合，重视科技化与智能化的整合，强调多元化与个性化的特点。例如，中国美术学院教授许江的《葵灯》《伞》《风》和《秋望》，钱云可的《石中望城》（图5-3-5）等都很好地体现出了这些特点。

图5-3-5 《石中望城》

从入选条件和作品可以看出，作品与西溪湿地公园环境的协调，使得展览相得益彰。观众在参观中徜徉品味，不仅体会到了杭州地域文化，还欣赏了作品具有的艺术新景观，更增添了西溪湿地的内涵和魅力。由此，雕塑邀请展成为城市公园走出去的一个可借鉴途径。

第四节 城市文化公园公共艺术案例分析

文化公园指的是以文化为主题，涵盖了人文、艺术、历史等内容的公园，包括多种综合艺术形式，如室外雕塑、壁画、装置以及博物馆等。它们功能各异，有的供人休憩或者进行娱乐活动，有的则是为了展现国际化交流，有的是展现地域文化传承。总的来说，文化公园的教易性及游赏性特别强。

一、中法艺术公园

中法艺术公园位于广东顺德，是由法国文化中心和中国对外文化交流协会联合主办的公园。中法艺术公园作为中法两国艺术交流的见证，启动于2014年，正值中法建交50周年。园内的艺术作品使用了200多吨埃菲尔铁桥拆卸后的钢铁材料，由50余位中法艺术家共同创作完成，并在广东和巴黎两地举行相关问题的艺术展览与学术讨论。中法艺术公园占地20万平方米，致力于打造中国南部地区最大的国际公共艺术交流平台。

中法艺术公园作品（图5–4–1）的创作采用了跨界方式，践行了“艺术思考世界”的思想，通过多种不同的艺术表现形式如雕塑、影像、装置、油画、水墨等，结合中西方创作理念，带给大家丰富的艺术体验。

中法艺术公园的成功之处在于它不仅实现了国家之间的对话、当代和经典的对话，更实现了艺术的公众性。艺术与人们的生活融入公共雕塑、公园规划、植物设计以及公共设施当中。它至少可以为公园规划设计者带来以下四点启发：

（1）国际公共艺术的引入，可以让各国艺术家与中国城市建设从业者、艺术设计师密切联系，有益于中国现代化建设中对西方模板的借鉴和本土化创作之间的交流。

（2）工业遗存的解决及其意义。

（3）引导公众参与艺术，建立公共艺术与公众之间的相互关系。

（4）材料的选择与媒介的突破两方面的创新思考。

图5-4-1　中法艺术公园雕塑作品

二、北京奥林匹克公园

奥林匹克公园位于北京城市中轴线北端的朝阳区，是举办2008年北京奥运会的核心区域，同时也是朝阳区第一个国家级5A旅游景区。公园总占地面积11.59平方千米，其中，北部为奥林匹克森林公园，将紫禁城的中轴线延伸到最北端，是一个以自然山水、植被为主的可持续发展的生态地带；南部为中心区，奥运会主要场馆和配套设施都集中于此。

在公园规划史上，它的历程漫长而曲折。1998年，国家就批准申办第29届奥运会的主办权，并于1999年成立了“北京申办2008年奥运会规划工作协调小组”，对奥运场馆和奥运中心区的布局进行研究。2001年申奥成功之后，就开始方案的公开竞标，随之启动建造，从开始筹备、方案竞标、确定、启动、落成，历时十年。它为北京奥运会的成功申办和举行奠定了一定的基础。

由于奥林匹克公园特殊的位置和功能要求，不管是从安全性、功能性、生态环保还是从人文、可操作性等方面来看，它的规划设计都具有十分特殊的意义。它的设计主要体现的理念有三个：“科技、绿色、人文”，致力于建造融合办公、商业、酒店、会议、文化体育、居住等多种功能的一流城市区域。

在北京奥运会期间，这里共有17个区域投入使用，例如鸟巢、水立方、国家体育馆、奥体中心体育场等10个奥运会竞赛场馆。除此之外，还包括一些服务性组成：奥运主新闻中心（MPC）、国际广播中心（IBC）、奥林匹克接待中心、奥运村（残奥村）等。如今，奥林匹克公园已经成为北京重要的市民公共活动与休闲娱乐中心，包含的功能多样，如体育赛事、运动健身、会展中心、科教文化等。

奥林匹克公园中的鸟巢与水立方两个建筑是北京奥运会的标志性建筑。国家体育场“鸟巢”在公园中轴线东侧南部，形态如孕育生命的“巢”，是摇篮、希望的象征，除了北京奥运会外，还有残奥会、田径比赛以及足球比赛等大型活动曾在这里举行。水立方则位于公园西南部，可供万人观看，奥运之后成为一处供市民使用的水上乐园。三大奥运主要比赛场馆之一的国家体育馆是中国最大的室内体育馆。这些著名的建筑设施闻名遐迩，也是我国体育取得辉煌成就的见证。此外，公园中还有很多雕塑作品，如《三度空间的演变》（图5-4-2）、《空间联系》（图5-4-3）等，其中《空间联系》是由两个圆环以微分几何式曲线构成优美的空间关系和丰富的观赏视点，寓意着人类整个生物圈乃至宇宙中所有的事物都是彼此关联和相互依存的共同体。

图5-4-2　《三度空间的演变》

图5-4-3 《空间联系》

奥林匹克公园集中反映了功能使用和生态人文的双重意义，北部森林公园部分表现得尤其突出。“通向自然区轴线”指从紫禁城、天安门这条中轴线一直延续到奥林匹克森林公园，这成为其重要的结构理念，反映了中国文化中“天、地、人”的思想。与此同时，因地制宜，结合湿地、植被、平陆、山形，设置景观建筑、桥梁、休闲区域，给市民提供了“生态的”“以人为本的”范例，在公园设施的各个方面，也采用了高效生态水处理系统、绿色垃圾处理系统、厕所污水处理系统等高科技环保设计，延续了可持续发展战略，实现了“绿色奥运”的宗旨。

三、青岛汽车主题公园

青岛汽车主题公园位于青岛汽车产业新城核心区，总面积1.8平方千米，2014年启动打造，现在一期全部建成。青岛是北方汽车工业重镇，汽车进出口基地。正是依托这一背景与资源，青岛才规划设计出中国第一个以“汽车”为主题的公园，它的成功为地区产业建设与城市公共艺术的结合提供了案例思考。

青岛汽车主题公园是一座以汽车文化展览、体验、休闲为核心的文化滨水休闲公园，园内除12座汽车展馆主体建筑以外，还有滨水休闲体验区、休闲商业街、汽车雕塑等功能区，并配以景观平台、3D汽车影院、儿童驾校、植物林、栈道以及生态小道等相关设施。

青岛汽车主题公园选址定在汽车工业园区中间，不仅体现地方政府对汽车行业、地域产业文化的注重，也为周围市民营造了休闲娱乐场所，打开了市民了解本地重要产业的渠道与文化认同感。不是填鸭式的教育和宣传，而是融入生活、艺术中，其集休闲性、商业性、文化性于一体的公园规划方式值得学习。

公园在功能设计方面，除了要实现和地域产业的结合，展示汽车文化以外，还要实现公园所要求的休闲性及舒适感。为此，湿地公园、绿色长廊、城市运动公园等休闲部分被纳入规划中。除此以外，利用原有的水域改造的景观湖，将新商业街、汽车博物馆、汽车主题的雕塑景观结合起来（图5-4-4），共同营造出富有娱乐、人文、艺术体验的滨水空间，将水在公共艺术、景观设计中的重要作用充分体现出来。另外，公园的自行车环路、木栈道、景观桥等设施，带来良好的互动，满足了公共性与休闲性，增添了公园的舒适度。

图5-4-4　青岛汽车主题公园雕塑

公园尤其注重对原有生态的保护，尽量地保留原有植被与地形地貌，强调因势造景。另外，园内还设有拦水坝工程，以在旱季和洪期的时候发挥蓄水与疏水功能。这些理念与措施，不仅节约了成本，而且还考虑到了生态保护。

四、郑州东风渠1904公园

走入郑州东风渠1904公园，就仿佛穿过了一个历史隧道。在1904年，第一列火车驶入郑州，这一刻被载入了历史档案。郑州东风渠1904公园抓住了这个重大的历史事件，利用遗存的铁道资源进行规划区域与主题设计，传达一座城市的历史文脉以及它对过去和未来的审视。

郑州东风渠1904公园的最为鲜明的一个特征就是第一次尝试将公共艺术融入城市区域文化的传承中来，以城市的文脉作为表现主题，展现新兴城市区域和城市记忆之间的关系，从而使得公共艺术作品存在互动性、公益性、教育性。在创作中引入对互动性的思考，作品不只是创作的目的，同时也是实现创作目的的一个手段，公共艺术对公共空间的激活是带给我们最有力的借鉴。

一座好的雕塑，可以成为一座城市精神的象征。郑州东风渠1904公园在火车主题雕塑的规划运用中不再采用旧有形式，而是以艺术为媒介，结合城市历史遗迹，通过城市记忆的叙述，连接城市的过去和未来，很好地展现了一座火车拉来的城市，实现艺术、文化以及大众在区域空间里的精神统一（图5-4-5）。

图5-4-5　1904公园

五、成都浣花溪公园

成都浣花溪公园位于浣花溪历史文化风景区的核心地带，接邻杜甫草堂，总面积达30余公顷，是成都市目前面积最大的开放型城市森林公园。它在文化主题公园中是一座比较具有特色的公园，很好地抓住了地域文化的灵魂，而且淋漓尽致地展现在规划设计中。

浣花溪与附近的杜甫草堂是距今1000多年前的唐代诗人杜甫曾居住生活过的地方。杜甫凭借其不朽的诗歌绝唱影响了无数代人，所以被誉为“诗圣”，浣花溪与杜甫草堂由此而得名。浣花溪公园正是依托于杜甫草堂醇厚的历史文化底蕴，并对历史遗迹和文化进行延伸和发展，运用园林和建筑设计的理念打造的城市景观。

公园主要分成三园：梅园、万树园、白鹭园，主要有万树山、白鹭洲、沧浪湖、川西文化观演广场、万竹广场等景点。人工湖、人造山、湿地、乡土树种的运用，浣花溪和干河两支河流穿园而过，营造了山水交融、绿荫蔽日的自然雅致，游客置身于浣花溪，仿佛进入了诗意世界。

设计者从浣花溪、杜甫草堂与杜甫、诗歌的关系中寻找到设计灵感，诗意浓厚是它的特色之一。公园中的主要雕塑群“源远流长”“诗歌大道”“三苏、三曹”“新诗小径”就是由此而延伸的。其中，“源远流长”位于南门入口的万竹广场，在以四川特色的鼎的焦点周围，树立两座刻有闻一多、孙中山、毛泽东、周恩来、朱德、鲁迅等人的现代诗词作品的石雕。“诗歌大道”不同于“源远流长”，它是以古代诗歌发展史为脉络，主要是屈原、鲍照、庾信、陈子昂、王勃、李白、杜甫等人的雕像，加上生平介绍，以文字雕刻的手法，从《诗经》《楚辞》开始直到当今的历代诗人作品依次排开，整条大道由诗句贯穿始终，是一个大手笔。“三苏、三曹”则是围绕着苏洵、苏轼、苏辙父子以及曹操、曹丕、曹植父子（图5-4-6）打造的相对封闭的空间，集中展现这六位诗人的精神世界。“新诗小径”则另辟蹊径，以新派诗歌为主题，为当代诗歌创构了独立的空间。

以诗歌为主题，公园内还有文字石刻、抽象人物、具象人物、具象事物四种类型的雕塑，以大众喜闻乐见的具象人物为主，其他类型为辅，常用的组合形式是具象的诗人雕塑形象，配以刻有其诗句的石头，以此来增强游人对这位诗人的印象。

图5-4-6 《三曹》

浣花溪公园与杜甫草堂这个著名的文化场址密切相关，通过雕塑和诗歌的结合，使文字与视觉艺术相得益彰，再加上深幽小径、自然雅致的诗歌意境的营造，自然景观的生动结合，不仅立足于文化传统，展示了人文意境，还增添了视觉的丰富性。

除此之外，公园还充分考虑了人本关怀，优雅的绿化环境中给市民留下了不少活动空间，展示了它的休闲娱乐性和丰富市民生活的功能价值。

总体而言，浣花溪公园在城市景观、自然景观、古典园林与现代建筑艺术的结合上处理得非常恰当。

六、金华雕塑公园

金华雕塑公园于2014年9月建成开放，与黄宾虹公园相距不远，由于坐落于金华三江口处的江心岛五百滩上，因而也被称作“五百滩公园”，金华雕塑公园是金华市区第一个文化主题的城市公园。

作为一座文化主题公园，设计者试图通过公园的规划，致力于打造地域文化的活教材，以期实现金华乡土文化的弘扬及学习。它以名人雕塑为主要形式，以金华的历史文脉为基础而建立。金华历史名人雕塑以一部逐渐展开的竹简形态统领整个雕塑群，选取了一系列名人如贯休、骆宾王、陈亮、宗泽、宋濂、朱丹溪、李渔、曹聚仁、艾青、邵飘萍等圆雕人物19组、浮雕人物67位（图5-4-7）。公园除了雕塑以外，还有绿地、走廊、广场、音乐喷泉、湿地、码头等配套建筑设施。

图5-4-7　金华雕塑公园名人雕塑

走进金华雕塑公园，映入眼帘的雕塑是巨石上的“五百滩公园”五个隶书大字，苍劲古朴，展现出其浓厚的意蕴。与此同时，人们也会被园内既像大贝壳又像鸟巢的“舞台钢结构”所吸引，与水中的倒影相连，正好形成一个心形，构思较为巧妙。雕塑不仅有石刻文字介绍，还可以通过扫码方式获取相关信息。科技元素、文化元素、流行元素的相互融合，使得游览的趣味性和互动效果更强了。

五百滩公园的建设目的是响应政府宣传政策，力图打造有故事、有历史、有文化的公园。不过太过凸显这一功能，使得它也存在一些不足之处，主要体现在以下三方面。

（1）雕塑布置简单生硬，未能很好地实现与环境相结合，没有主次之分。这些都需要在公园绿地规划设计中多加注意。

（2）自然生态性不强，四周高楼林立，商业广场所占面积太大，绿荫不足，使得公园应有的功能及舒适度有所降低。

（3）缺乏为市民审美生活服务的意识，具象雕塑太过单调枯燥，缺少变化。

七、金华燕尾洲公园

金华燕尾洲公园位于金华江、义乌江、武义江交汇之处，主要有商业办公区、运动休闲区、湿地保育区、中心水景区，它创造了富有弹性的体验空间及社交空间，实现了景观的社会弹性，是“海绵城市”规划建设的典型成功案例。

燕尾洲公园结合了生态、审美、历史、文化多个层面，体现了中国当下城市设计与公共艺术的功能性结合，符合居民的多方面需求（图5-4-8）。

图5-4-8　金华燕尾洲公园

从人文景观的营造来看，景观步行桥也是金华燕尾洲公园的特色之一。景观桥连接义乌江、武义江两岸，把城市连为一体，缩短了两者之间的交通距离。步行桥的灵感源于当地民俗文化，红黄两色的色彩设计也展现出了浓郁的地域特色，在设计形式和手段上，也具有十分鲜明的自身特点。这座步行桥不仅线条流畅，造型优美，更是把绿廊和多个公园等生态空间与城市串联，成为连接文脉的纽带，强化了地域文化的认同感和归属感，是景观文化弹性的重要体现。

从规划理念上来看，公园充分考虑了城市生态问题。东南地区季节性明显，降雨充沛，所以，园内建有许多富有弹性的生态防洪堤。这些梯田景观堤取代传统硬性式驳岸，在防汛工程中采用了先进的种植技术，将田园风光融入现代城市，构成新型城市景观，不仅营造了灵动的景观，同时也改善了湿地生态系统的连续性。不仅如此，公园在设计中，力图通过最少的工程量，在保留原有植被的基础之上，稍加整理，形成多样性环境如滩、塘、沼、岛、林等，并大力种植水生植物及其他果类植物，促进植被和生物的多样性。与此同时，为了同时保障湿地保护和亲近自然的诉求，公园采取一定程度的人流限制等最小的干预设计，尽量保留原有植被及环境，对于生物链的良性发展和生态系统的稳定发挥着积极作用。

从设计语言来看，公园大量采用了流线，种植带、河岸梯田、地面铺装、道路、步行桥等都不例外，另外也多采用圆弧形的线条。这些流线和圆弧形线条和形体不仅是将建筑与环境统一起来的语言表达，同时也是水流、人流以及物体势能的动感体现，从而使形式和内容实现了统一，环境与物体得以和谐共融，形成了非常富有动感的体验空间。

八、张江艺术公园

上海张江艺术公园原名樱花广场，位于浦东区张江高科技园区，邻近张江地铁站，园内有2006年落成的张江当代艺术馆。公园从2006年起，便举行“现场张江”的公共艺术活动。不过，真正使张江艺术公园独具特色的是其创新的理念——为了使公园可以更加便于生活，使艺术融入生活，将“现场张江”的公共艺术活动，结合当代城市文化，为城市化进程中协调人与艺术文化、科技发展、精神需求之间的关系提供了一种探索实例。其公共艺术活动常年邀请国内外艺术家来张江创作公共艺术作品，涉及面十分广泛，例如建筑师、多媒体艺术家、环境艺术设计师、观念艺术家以及城市研究学者等都在邀请范围内。这些作品都有着鲜明的特色，都是用永久材料制作的，风格多样，富有创意。这些作品放置在园内，并且从集合的公共艺术作品中选择其中的108件，制作出全国高科技园区的首张公共艺术地图。

张江艺术公园中的精美雕塑作品的主题多样，趣味十足，色彩丰富，例如“绿狗”、“倾听”（图5-4-9）、“表情1号”、“易拉罐”、“桥”、“大鸟笼”（图5-4-10）等，夸张而耐人寻味。这些雕塑既体现了浓郁的科学气息，又融入艺术，来源生活。即便是园路，也是如此，采用数字构成的石子地面，寓意着时间流逝的哲学化思考。

这些大型雕塑作品与绿地、道路、河流、树木以及其他设施相互融合，共同为人们营造了一个富有人文艺术气息的公共空间，不仅突破了时间限制，而且丰富了公园的内在价值，成为附近人们游憩的一个重要场所。另外，创意公园的馆内不定期举办各类画展，彼此呼应，吸引了不少市民前来参观。

图5-4-9 《倾听》

图5-4-10 《大鸟笼》

第五节　城市广场公共艺术案例分析

一、天府广场

天府广场位于成都市经济、文化、商业中心，于2007年落地成都，总占地面积8.8万平方米。在成都这片土地上，曾经的古蜀文明显赫一时。成都，被称作“天府之国”，自古以来就是人文荟萃之地，也是道教圣地。据传老子就降生于青羊宫，而青城山也被誉为四大道教名山之一。成都有着说不完的蜀文化，有着数不尽的风景名胜。天府广场的景观如太阳神鸟、鱼眼龙腾喷泉、黄龙云形水瀑、乌木雕刻立碑等，都是从其中演绎而来。

天府广场（图5-5-1）的特色是其文化符号、元素、人文特质等都是从本地文化中汲取的，展示了千年古城的魅力。广场分为两大部分：东广场和西广场，由广场上太极云图中部的曲线分开。东广场是下沉式广场，西广场主要是喷泉景观。

天府广场的太极云图正是对道教阴阳太极的体现。巨大的太阳神、乌造型位于太极图案中心，其灵感源自金沙遗址出土的太阳神鸟金箔。它的设计生动地再现了远古时期“金乌负日”的神话传说，表达了对人类生生不息的讴歌赞美。鱼眼龙腾喷泉则是利用了长江和黄河的文化象征，寓意着新时代的腾飞。黄龙云形水瀑仿九寨沟、黄龙景区，设计梯田的地势落差，造就了水瀑的壮观。雕刻立碑刻有《天府广场记》《成都颂》，分别立于南面的两侧，向人们讲述了古蜀文明与今日四川的辉煌发展。

天府广场中的主要环境艺术设施为环绕四周的12根文化图腾柱和12个文化主题雕塑群。文化图腾柱直径1.2米，高12米，十分壮观。文化图腾柱的主体采用金沙遗址出土的内圆外方形的玉琮为主造型元素，三星堆出土的顶尊底座为图腾柱的基座造型，上下部和两侧的装饰纹则来自金沙的眼形器纹和三星堆的云纹。

此外，图腾柱的顶部还设计了LED激光演映球屏，球体表面隐饰的是太阳神鸟的暗纹。可以说，天府广场的每一个细节都体现出一股浓厚的巴蜀文化气息，而其中还融合运用了一些新的设计手段、元素。

当然，作为以交通休闲为主要功能的综合性广场，在使用上和公共性、服务性等方面还是存在一些不足，例如周围交通带来的安全隐患、绿化不足、街道家具过少等问题。

图5-5-1　天府广场

二、杭州日月同辉广场

杭州地处京杭大运河南端、长江三角洲核心地带，自古以来就是我国东南地区的文化经济重心之地，天然的地理优势为杭州的发展奠定了基础。改革开放以后，杭州的经济发展速度飞快，随着二十国集团（G20）领导人峰会的举行和亚运会的举行，杭州的国际形象进一步提升。如果说，过去杭州的城市名片是西湖，那么，如今以钱塘江为根基的新城发展的名片则是日月同辉广场（图5-5-2、图5-5-3）。

图5-5-2　日月同辉广场雕塑（一）

图5-5-3　日月同辉广场雕塑（二）

日月同辉广场正式建成于2009年，两个主体建筑分别是杭州大剧院与国际会议中心，通过其匠心独具的设计理念而赢得世人的关注。两大主体建筑连同供市民使用的杭州图书馆、杭州市青少年活动中心、杭州市城市规划展览馆、杭州市市民服务中心等组成的日月同辉广场成了游客、市民游玩聚集的热闹繁华之地，特别是夜色下的广场更是美轮美奂。在夸赞西湖胜景的同时，人们也开始赞叹钱塘江新气象的秀丽风景。

大剧院造型巧妙独特，形似一弯迷人的弦月；国际会议中心宏伟雄奇，好似钱塘江畔升起的一轮金色太阳，二者共同生动地诠释了“日月同辉”的自然蕴意。在“天圆地方”的理念之下，另一部分的主要区域则为市民中心，由中心六座环抱的建筑、行政场所以及四周四座方形裙楼构成。

杭州国际会议中心不同于大剧院，杭州国际会议中心在设计中更多的是注重它的实用功能性及其在城市规划中担当的使命。因而，杭州国际会议中心的设计，不仅有效整合了大剧院周边的外部空间，与市民中心、大剧院形成三足鼎立，从而达到呼应、协调、完整、统一；同时也实现了地理环境、功能要求所设定的包容性、开放性、活力场所的打造。它是功能和形式高度统一的成功的作品。

杭州国际会议中心采用钢结构建设，高达85米，是以举办大型国际性会议及白金五星级酒店为标准进行设计的，是目前为止国内面积最大的会议中心。随着G20峰会的举行，杭州国际会议中心已经成为杭州新的人文景观。

日月同辉广场是大都市下的城市新景观，既体现了新时代特点，也体现了浓厚的人文情怀。在广场周围的建筑中，杭州图书馆更加表现了这一特点。从2003年起，杭州图书馆就允许乞讨者与拾荒者进馆阅读，在阅读面前，不存在等级，也不存在差异，开放的管理体现出平等的人文精神，这也体现出了日月同辉广场的公共性。

三、上海五角场下沉式广场

上海五角场下沉式广场位于江湾风貌保护区，是城市广场重视经济意义的典型范例（图5-5-4）。上海五角场下沉式广场于2006年开始运营，2015年正式命名为“五角场广场”，2016年进行改造并重新开放。在运营之前，上海市规划中心就将五角场定位为城市副中心、城市商业中心以及公共文化中心，突出杨浦大学城公共活动，打造集办公、金融、商业、文化、高科技研发、体育以及居住等为一体的综合性市级公共活动中心。所以，从功能性意义上讲，五角场广场的设计被赋予了特殊的定位。

图5-5-4　上海五角场下沉式广场

设计单位在对五角场附近的历史、现状以及未来规划等方面做了全面调研以后，形成了一份现行方案。在设计过程中，怎样消除复杂的公共交通系统对广场产生的负面影响成了设计团队面临的最大难点。原有的中环线高架桥横穿五角场，将其中的大型商业区切分为南北两部分，打破了五角场的围合关系，对商业中心产生不利影响，同时也破坏了这个区域的城市形象。

为了解决这个问题，项目创新性地提出将跨越下沉式人行广场中近百米的高架桥体“包裹”起来。以一个巨大的椭圆形球体成为整个设计的原点，人行广场、地上人行入口、环形水幕与之融为一体，一个完整的具有公共艺术美学经济意义的城市景观体系由此产生。这样说的原因在于：第一，这个项目的最初目的是解决城市发展的具体需求，但是公共艺术手段的介入，赋予五角场地区一个全新的城市形象，不同范畴的感观体验都融入“整体艺术效果”设计中；第二，下沉式广场不仅在很大程度上增加了活动空间，而且中心地带设计的光影互动地面也十分富有创新特色；第三，自然流动的发散型结构充分延续“彩蛋”的形态，它所营造的“孵化”体验，在城市夜晚灯光的作用下，完美地呈现出了不可替代的现代城市之美。

这一创新、开放、充满活力的超级公共艺术景观以动势为主题营造出巨大的视觉冲击力，下沉式的设计将空间利用最大化，为拥挤的城市设计注入新的理念。不管是从商业还是文化的角度，五角场广场作为商业广场与公共集散广场，都为城市建设者和艺术家开创了一种可借鉴的模式。可以这样说，五角场广场是上海市规划的一个品牌战略的商业综合体，有着代表杨浦区的象征意义。

另外，广场除了需要解决基本的人流交通的功能，还需要创造文化娱乐的公共空间。公共艺术要参与到整个广场空间设计当中去，使之自然和谐、不受束缚，鲜明活泼，具有美学经济、审美、生态价值，可以营造出与公众互动的整体良好效果。五角场广场在设计中就充分体现了它的生态性、纪念性、先进性以及娱乐性。

四、鄂尔多斯青铜器广场

我国的青铜器冶铸技术历史悠久，取得了十分辉煌的成就。我国首个以青铜器文化为主题的广场即为鄂尔多斯青铜器广场，它位于鄂尔多斯东胜铁西新区，主要由日穹、月镜、青铜群雕等建筑设施组成，总占地面积10.4万平方米，分地上、地下两部分，布局对称。青铜器广场以“军心似铁，感召日月”为原点，由日穹、月镜两个主体建筑集中体现。日穹的半径是以“太阳”为造型的钢结构金色穹顶，饰以民族元素、青铜纹理；月镜是以“月亮”为造型的钢结构，历史文化内涵与现代手法结合，两者对称呼应，成为焦点，是集休闲、商业、娱乐等于一体的大型商业休闲设施。

有一座休闲亭位于广场景观轴的南端，顶部的“胡冠”是根据出土的匈奴金冠样本设计打造的，金冠上昂首傲立的雄鹰与休闲亭表面的图案，展现了蒙古族彪悍的民族性格，展现了地域文化特色。广场内的雕塑极其丰富，多达52种、91件，按照类型分有兵器工具用器、装饰、车马器、动物等，基本采用圆雕、浮雕、透雕等装饰手法。这些青铜雕塑造型（图5–5–5、图5–5–6）生动形象，表现丰富，各具特色，如一幅幅画卷，真实地再现了青铜器时代和古代牧民的草原生活，将草原文化的崇尚生态、崇尚自由以及崇尚英雄的文明演绎得淋漓尽致，达到了历史再现与文化内涵融合、艺术与功能共生的效果。

青铜器广场从青铜器文化与古代游牧文明中汲取特色，充分运用了园林造景的手法及现代艺术理念，不仅体现和发扬了青铜器文化，同时也还原了游牧民族的历史文化，使人们感受到其中生动、野性、奔放、自然的生活气息，对人们了解多民族的中华文化提供了支持和帮助。不过，广场在设计中也存在一些缺陷，例如植被较少，缺乏水域的设计，造成生态环境干燥，未能达到理想的舒适度。与此同时，水泥、雕塑的清一色设计略显单调，与群众的互动也不多。

图5–5–5　青铜器广场雕塑

图5–5–6　青铜器广场雕塑

五、通州运河文化广场

围绕着京杭大运河设计的运河文化广场有两个，通州运河文化广场是其中的一个，是在京杭大运河的北终点——北运河遗址上修建的。广场现位于通州区东关大桥北侧，总面积将近53公顷。它不仅具有纪念中国古代杰出的运河文化、展现古代劳动人民智慧的功能，而且为人们营造了一个丰富多元的休闲场所，既保留了历史传统，还改善了绿化环境，同时丰富了市民的精神生活。

我国大运河的开凿修建是世界上最杰出的工程之一，它基本贯穿了华夏文明史。京杭大运河是在隋唐大运河的基础上加以改道修复的，对我国经济的发展发挥了不容小觑的作用。通州运河文化广场就是以京杭大运河为依托，广场保留原有的3间牌楼，牌楼上题着“运河文化广场”，是广场南入口的标志物。进入广场，正中设计了一条千年运河步道，并以“千年运河”为主题（图5–5–7），在主路中间铺展五六百米长的花岗岩石雕，向人们讲述运河的辉煌历程。除此之外，通州燃灯佛舍利塔是通州的标志性建筑，为了强化这一运河标志，设计了一条指向燃灯塔的轴线，使人们能够由此轴线眺望运河对岸的古塔。

图5–5–7　《千年运河》

运河文化广场充分利用运河的水道，致力于滨水环境的营造，最大特点即为“水”元素的运用，例如在漕运中诞生的五个主要码头的恢复、沿岸绿带内部景区多主题水景的设计等。在设计中，不放过每一个细节，将漕运文化元素、游人观赏体验、北京地理气候环境、城市生态保护、水资源节约以及景区维护等均纳入考虑的范围内。

通州运河文化广场不仅保留了浓厚的运河历史文化，还在设计中融入了现代元素，例如广场北端的高大雕塑、东部林区内预留的雕塑园，都能够从中感受到艺术作品带来的现代气息。

总的来说，通州运河文化广场凭借独特的文化资源，以传承漕运历史文脉为出发点，具有历史纪念意义，又很好地满足了城市生态、可持续发展的要求。

六、鄂尔多斯成吉思汗广场

康巴什新区位于鄂尔多斯市的中南部，其在鄂尔多斯市的地位越来越重要，新区的规划也因此具有鲜明的特色。它立足于当地的蒙古族文化，以城市轴线为中心，沿轴线向北是鄂尔多斯市委、市政府办公大楼，沿轴线向南则直达乌兰木伦河，轴线两侧则是办公、商业、文化场地，整个轴线长达近3千米，成吉思汗广场则是这条轴线上的重要设施。

传说，成吉思汗西征途经鄂尔多斯，将这里选为自己的长眠之处。成吉思汗广场的规划与以蒙元文化为基础的思路相一致，文化建设与城市建设一同规划，同步实施，以成吉思汗为主题，展示出城市的唯一性、特色性、民族性的规划理念。

成吉思汗广场位于市政大楼前，与城市轴线的自然地理环境、定位要求相协调，团结、家乡、自然3个鲜明主题，由北向南，由规则逐渐过渡到自然，内容充实，富于变化，构思巧妙。邻近市政大楼的“团结主题”寓意响应党的号召，维系蒙古族的内部团结，共同进取；“家乡主题”“自然主题”则展示出了蒙古族悠久的历史文化精髓以及自然风光丰富的草原文明。

成吉思汗雕塑群（图5-5-8）于2006年8月成吉思汗登基800周年之日，落成在成吉思汗中心广场，从设计到打稿再到呈现，用时两年。整个雕塑群共有五组，分别为《一代天骄》《闻名世界》《海纳百川》《草原母亲》以及《天驹行空》。各组雕塑都有其深厚的含义，如《一代天骄》寓意着成吉思汗传奇一生经历的磨难，烘托出坚韧不拔、百折不挠的精神；《闻名世界》歌颂了成吉思汗戎马一生的辉煌成就，寄托着浓厚的民族自豪情怀；《海纳百川》渲染出成吉思汗广阔的胸怀和气度；《草原母亲》借传统故事表达团结奋进的诉求；《天驹行空》巧借成吉思汗的两匹骏马，象征着和平自由，还预示着鄂尔多斯经济的腾飞。总而言之，成吉思汗雕塑群以蒙元文化为主脉，以雕塑为载体，重现历史，传承历史，将地域特色、人文特色、民族特色、文化特色完美地结合在一起，充分展现中华民族团结、一往无前的气势以及大无畏的民族精神，寄托着对鄂尔多斯美好未来的向往和希冀。

图5-5-8　成吉思汗雕塑

毋庸置疑，规模巨大、内涵丰富的成吉思汗雕塑群具有历史性、主题性以及纪念性。而且，不管是其浮雕技术还是所用材料、人力，都没有能与之相提并论的。它也因此在2006年荣获全国优秀城市雕塑建设项目年度大奖，被誉为“新时期雕塑的奇迹”。

七、营口山海广场

营口山海广场位于营口市开发区西部海滨旅游带，建成于2009年，连接了南北海岸线，面积约6万平方米。它属于城市公共开放型滨水区，是国内滨海城市广场的典型。广场由伸向大海的长浅堤及巨大的主广场组成。山海广场呈三层圆形的立体形态，底下一层为人行通道，人们可以直接从广场走进沙滩与大海亲近；中间一层主要为商业网点，各种配套服务齐全；顶层是由绿化带、景观灯市、音乐喷泉等组成的巨大观海平台。

营口山海广场作为新兴的开放型海滨广场，它集休闲度假、旅游观光、健身娱乐等多种功能于一体，不管是从服务功能还是外观设计上均具有新颖的特色，在生态性和娱乐性的结合上，也处理得很好。

雕塑（图5-5-9）和空间的融合、历史和民俗的演绎、海港文化的体现，是山海广场的特色之一。与广场遥相呼应的鲅鱼公主雕塑造型优美，线条流畅，令人浮想联翩。另外，汉白玉浮雕墙、海洋十二生肖雕塑等融合了山海文化、鱼龙文化，趣味性十足。

图5-5-9　营口山海广场雕塑

从设计手法上来看，山海广场的设计也有很多值得借鉴的地方。运用了透视、框景等多种手法加以巧妙处理，使景观设计与海滨环境协调统一，营造出富有视觉延续性的海滨开放空间。当人们站在山海广场的弧线形浅水池的路桥上远望海面，会有一种海天相接的空间视觉感受。这种延续性在广场伸向海岸台阶的相互渗透、相互吸引的设计上也有所体现。

不管是雕塑的题材，还是设计的处理上，山海广场的亲水性都非常突出。立足于山海广场，感受潮起潮落，遥望海天一线，一下子就拉近了人与大自然的距离。另外，设计者也善于将公共性空间的营造多样化，利用栏杆、矮墙、座椅、景观柱等看似不引人注目的小元素，运用高差、借景、对比等手法，大胆打破视觉规律，这些都共同作用于富有生气的海滨空间营造。

八、贵州印江书法文化广场

中国的书法文化历史悠久，一直延续到今天，在世界文明史上具有很重要的地位。而利用书法文化打造的广场中，贵州印江的书法文化广场十分富有特色。印江全称是印江土家族苗族自治县，位于贵州东北部。自明代开始，印江书法文化就发展迅速并且在民间得到了普及，诞生了周冕之、王道行、周以湘、严寅亮等著名书法家，直到今天印江书法活动还是非常活跃，广受当地民众的喜爱和欢迎。印江书法文化广场位于印江县城西侧，面积达10万平方米，主要有主题标识区、中国书法历史区、书法作品展示体验区、贵州书法区、国际书法区五大区域，主题明确，特色鲜明，其中融入文房四宝、印鉴、朱砂、历代书法流派大家及其代表作等元素，有书法长廊、亭台、雕塑（图5-5-10）等。它的规划设计展示了国际视野的定位，准确把握印江的文化特征，运用公共艺术的表现手法，就是为了打造国内一流的书法文化广场。

图5-5-10　贵州印江书法文化广场

从本质上来讲，书法具备丰富多样、雅俗共赏的特点。印江书法文化广场在此基础之上，充分运用公共艺术语言的丰富性，采用多元化的表现形式，如运用不同的材质、色彩、灯光、肌理等，有的抽象，有的写实，尽最大可能营造丰富多样的视觉、触觉效果，丰富市民的体验。与此同时，将各种书法大家的作品进行展示，尽管他们的书法风格各异，但是都精彩绝伦，再加上艺术化的再造，让人为之赞叹。印江书法文化广场在生态和文化的结合上也比较成功。印江自身环境优美，在景观较少破坏的前提下，注入书法文化元素，使得广场的绿化面积达60%以上，其间绿树掩映，小道蜿蜒，河流环绕。

2016年，在印江书法文化广场举行了第一届书法文化艺术节，以“书法之乡-养生印江”为主题，别具特色的表演、“书香印江”的穿插、系列书法文化相关活动的展开，向人们展现了印江的书法文化艺术特色以及多姿多彩的民间文化，使得印江被更多人所认识。由此可以看出，印江书法文化广场在打造品牌声誉、增进区域文化认同感、发展经济以及文化方面具有不可忽视的作用和意义。

九、贵州册亨布依文化广场

册亨县隶属于贵州西南部的黔西南布依族苗族自治州，地形地貌独特，南北盘江环抱，群山连绵。册亨县人口总数的76%为布依族，是名副其实的中华布依第一县，具有历史悠久的民族文化。为了展现布依族文化的特质及多元性，打造富有民族特色的城市客厅，册亨县打破地理环境的限制，于2010年修建了布依民族文化广场。

布依文化广场作为城市公共空间，其公共艺术是比较典型的（图5-5-11）。在材料的选用方面，他们并未采用城市雕塑中常见的大理石、花岗岩、砂岩或者不锈钢、铸铜等材质，而是就地取材，从者楼河、盘江河的河床里筛选了体量比较大的鹅卵石作为创作原材料，既节约了成本，又实现了绿色环保。在艺术作品创作方面，他们同时邀请本地雕塑家围绕着布依文化为主题进行创作，这些充满着野性力量与民间趣味的作品本身又与周围环境相互融合，点缀着文化广场。总而言之，布依文化广场深深扎根于民族文化里，充分展现了当地的地域文化和民间艺术风情。

图5-5-11　贵州册亨布依文化广场

从整体上来看，布依文化广场地理位置优越，与中心城接近。在规划设计的过程当中，更为强调地域性和民族性，利用特殊的黔西南自然地理环境，借鉴中国古代造园艺术中借山水为景的精粹，营造了山峦起伏错落、江水如带环绕的空间魅力。与此同时，建筑多采用具有民族特色的语言及元素。

在功能服务上，布依文化广场旨在丰富全县人民群众的文化生活，打造一个集休闲、健身、娱乐等为一体的大型综合性活动场所。相传，能歌善舞的布依族人民在历史长河的发展中形成了一个美好而特殊的习俗，每到节庆时节，他们都要聚集在一起，跳起欢快的转场舞。到了今天，每当节庆时布依文化广场就会有成千上万的布依族民众与国内外来宾心手相连，跳起转场舞，层层环绕，场面盛大，十分壮观。

十、庆阳西峰区城北周祖广场

位于庆阳市的周祖广场是为了纪念周朝先祖不窋而建造的。据相关史料记载，后稷之子不窋是周部族形成和发展中的一位关键历史人物，他在庆阳一带的活动和功绩奠定了该区域越来越繁荣昌盛的基础。所以，作为不窋的发祥地——庆阳，立足于这一历史文脉，结合庆阳现代城市精神塑造而规划的周祖广场，具有十分重要的作用。

周祖广场面积广阔，根据功能特点，可将其分成四个区——戏剧广场、山丘林地区、水景文化广场、康体文化活动广场。广场上的不窋雕塑手持谷穗，双目远眺凝视，造型生动，富有气势，体现了中国源远流长的农业文明历程及中华民族精神，感染力极强。

周祖广场的创新性在香包雕塑群上有所体现，凭借庆阳“中国香包之乡”的民俗魅力，修建了一组丰富的且深具代表性的香包雕塑（图5-5-12）。整体雕塑的材料选用了不锈钢，体量十分巨大，最高达12米，是现今最大的香包金属组雕。香包雕塑群造型古拙质朴，取庆阳传统香包的基本特征，进行艺术手法上的重新设计，使其不仅有原始文化遗存的内涵，还有强烈的现代艺术效果。它将传统与现代结合在一起，深深扎根于庆阳的文化民俗，丰富了周祖广场的内涵，整合资源，统一地发挥了庆阳的文化优势。它立于周祖广场之上，成为市民、游客喜爱聚集的场所。就其意义来说，它不仅提升了庆阳香包的文化高度，更是将庆阳的地域文化特征提炼并且上升到了国际高度。

图5-5-12　香包雕塑

第六节　城市商业设施公共艺术案例分析

一、北京西红门荟聚

北京荟聚购物中心于2014年年底正式开业，位于大兴区西红门商业综合区。它以宜家家居为主力店，有400余家品牌商户入驻，致力于打造集时尚购物、娱乐聚会、休闲美食、文化教育等于一体的国际化标准的一站式购物中心。

北京荟聚购物中心（图5-6-1、图5-6-2）的品牌理念是快乐的生活之城，聚会之所。“宜家家居+购物中心”的创新商业模式以其丰富多元、便利舒适正引领现代消费时尚。另外，这种品牌理念在其公共空间环境的营造上也有所体现。

图5-6-1　北京荟聚购物中心（一）

图5-6-2　北京荟聚购物中心（二）

北京荟聚购物中心采用的设计风格是北欧斯堪的纳维亚设计风格，倡导以人为本，强调个性。大体量、大空间的设计，不管是中庭还是连廊均以“大”著称。钢架结构的玻璃天庭，通透性强，自然采光，并与LED格栅结合，不仅可以达到节能降耗的效果，而且动感十足。错落分布、自然衔接的连廊可以有效促进客流的循环走动。大面积的中庭，聚客能力强。

除此之外，回形动线的设计让客流平均分布在荟聚中心的每一处。宽敞开阔的公共区域为体验式商业提供充足的互动空间，优化了顾客的体验舒适度，使荟聚成为人们理想的购物、聚会场所。在细节设计的处理方面，北京荟聚购物中心面积比较大，对不同区域进行不同色彩设计，提高各区域的辨识性，并尽量采用自然采光，减少内部灯光。室内主要采用浅色调、原木色、波浪线条的设计特色，使空间显得更舒适、自然、清新。

与此同时，大量品牌商户的进驻，在很大程度上丰富了北京荟聚购物中心的文化、娱乐、艺术氛围。公共艺术不仅在购物中心自身的规划设计中有所体现，在这些品牌商户方面也有所体现。

不少购物中心在追求“大”的同时，通常会带来一些弊端，例如顾客容易迷失方向，特别是呈不规则形状布局的公共空间。北京荟聚购物中心也曾经遇到类似问题，所以，在公共空间的设计上，不可忽视这一点。

二、北京侨福芳草地

侨福芳草地位于北京市朝阳区东大桥路9号，紧邻CBD核心地带，是一座集顶级写字楼、艺术中心、时尚购物中心、高端酒店于一体的商业综合体建筑。侨福芳草地将艺术全面引入，使购物、办公和艺术融为一体，成功创造了一种新的模式。不管是在商业创意还是在创新设计的成果上，它都是不可复制的。作为北京最有“艺术范儿”艺术化商业氛围的跨界设计，其具有特色的建筑造型和功能布局、领先的绿色节能设计也是其高品质的体现。

侨福芳草地（图5-6-3）的艺术氛围十足。从商场入口开始，随处可见的艺术品就映入人们的眼帘，2000平方米的公共艺术走廊、4000平方米的私立非营利性展馆、40余件达利雕塑，这些艺术品和建筑融合在一起，具有独特的艺术气息。

图5-6-3　侨福芳草地

从建筑造型来看，如同金字塔般的外形把四座塔楼建筑连成一体，并设计出国内第一座长达236米的步行桥，桥体横跨建筑复合体之间。站在桥体之上，可鸟瞰各个商户店面，不仅具有四座建筑之间通行的实际功能，而且为顾客创造了丰富的艺术体验。在节能环保方面，为了保证旁边居民区的日照时间，建筑师提高了建筑成本，使其与周围环境自然融合，实现建筑和环境之间的和谐共处。

侨福芳草地注重创造丰富、多变、高品质、富于活力以及吸引力的都市场所感，环保设计与高科技结合，可持续发展理念与丰富多元的艺术氛围和谐共存，从而造就了艺术商业的成功典型。它的成功与公共艺术在其商业空间每一个细节中的运用是分不开的。

三、成都太古里

在生活上，国外的人们注重休闲娱乐，为消费者构建全新生活空间的购物中心定义成Lifestyle Center（时尚生活中心），并且这种成功的商业街区案例在国外已经比较普遍了。而成都远洋太古里（图5-6-4）作为开放式、低密度的街区形态购物中心，也是国内Lifestyle Center中颇具特色的一个案例。总体来说，成都远洋太古里的特色在于可以将老成都的地域文化、古建筑、国际创新设计理念、互联网背景下的商圈进行充分融合，以极其现代的手法充分展现出了传统的建筑风格。

图5-6-4　成都太古里

在规划设计之初，远洋太古里就面临着周围旧有街巷脉络、历史建筑、老式住宅区面积大的难题。规划方案最终选择保留历史脉络，将古老街巷、历史建筑与融入川西风格的新建筑相互穿插，营造出开放自由的城市空间。购物中心围绕千年古刹大慈寺而建，保留了和尚街、笔帖式街、马家巷等历史街道。在设计过程中，尽量让都市文化与历史文化融为一体，为此，远洋太古里遵循了“慢生活”这个原则，建筑密度低，街道开阔，在风格上融入简朴、现代主义的极简理念，在材料方面也力求朴素。整个区域建筑在繁华的核心商圈中，内高外低，疏密错落，巷子套巷子，相互联通，犹如一个聚合的村落。同时将店铺本来的私有化空间向四面开放，转化成公共空间。这种错落的连续性使人在视觉上也有了连续的观感体验，迎合了消费者心理。

另外，开放式的街区为周边居民提供了极大的方便，独栋建筑、空中连廊以及下沉空间的巧妙组合，结合广场和街道的尺度，使街区成为天然的休闲、聚会场所。这种公共生活空间的建设、文化之根的传承在城市化快速发展的当下，借鉴意义极强。

成都太古里的开放街区穿插着众多海内外艺术家创作的现代艺术作品，如《漫想》《婵娟》《父与子》等，有些作品还面向市民征集意见，体现了公共艺术的互动性，而且街区里经常举行文化娱乐、艺术展览、品牌特别活动等，富有人文、时尚、艺术气息。

当然，成都远洋太古里在融入地域文化特征的同时，也强调现代时尚的商业氛围设计。整个商业中心分为两个部分："快里"和"慢里"。"快里"以时尚品牌为主，贯穿东西广场，建筑设计融入更多时尚元素；而"慢里"则围绕大慈寺，以餐饮文艺小店为主，主题为慢生活，打造双重生活体验区。除此之外，成都远洋太古里还充分考虑当代互联网背景下的商圈变化——电商的迅猛发展，实体商业受到了很大的冲击，体验成为实体店的一个突破点，太古里商圈展示了各种消费娱乐的综合体，包括餐饮、电影院、美容、服饰、休闲等。

四、北京三里屯太古里

三里屯位于朝阳区中西部，年轻人经常会聚在这里玩耍，这里是北京著名的酒吧街，同时也是北京夜生活的中心。随着工人体育场、什刹海、五道口等区域的逐渐兴起，三里屯也面临着竞争压力。这个时候，太古里的迅速崛起使三里屯的发展境况得到了改善。

图5-6-5　北京三里屯太古里

三里屯太古里建筑面积17余万平方米，与酒吧街隔街相望，致力于打造以年轻人为主要消费群体的时尚休闲购物中心。它分为南北两区，南北二区集购物、休闲娱乐、艺术、文化交流于一体。南区趋于年轻人吃喝玩乐的休闲区，主要满足年轻时尚多层次的消费需求；北区则侧重于包容创意、设计的高端先锋品牌聚焦地，以奢侈品牌、办公区域为主。

太古里（图5-6-5）不仅商业发展走在世界的前沿，其在艺术文化及休闲生活的营造上也极其丰富多元，充分展示了它的人文气息。在这里，经常有艺术展、文创展等各种大型文化艺术交流活动，影响很大，成为人文风尚的汇聚地标，全国人文商业体的典范。

建筑艺术的融入与其高端时尚的人文形象相呼应。太古里的建筑整体相对统一，以现代化玻璃幕墙为主，并配以色彩各异的玻璃色块。单栋建筑外围都有独立的绿化带，反映了崇尚绿色自然的观念。建筑之间规划有一定的广场区域，是举行活动的空间场所。与建筑外观相对不同，各建筑内部风格迥异，不过都具有透光、宽敞的环境营造特点。

五、上海K11购物艺术中心

上海K11购物艺术中心（图5-6-6）于2013年6月正式开业，位于淮海中路，是集购物中心、美术馆、餐饮中心等众多功能于一体的商业建筑，它在建筑中融入了艺术、人文、自然三个核心理念，致力于打造上海最大的互动艺术乐园，创造时尚的购物体验，为城市生活构建一个崭新的空间。

从整体定位来看，上海K11购物艺术中心通过艺术人文与商业的结合，打破商品与艺术品的固化属性，使艺术附着商业，商业带领艺术。它强调了文化的内涵，重视消费者的购物体验，创新服务模式，对当下的购物中心有很好的借鉴意义。未来的购物中心发展，将更注重多元化、个性化、体验化，不再过于注重主力店，注重每个店面的规划设计，实现产品价值最大化，从而提高总体综合水平。公共艺术在商业设施中的发展将会得到更大的突破，社会价值会更大。

从规划设计来看，上海K11购物艺术中心有不少具有创新性的地方。例如，建筑裙房外观改造时既保留淮海路历史建筑与新世界塔楼原始设计的同时，又对建筑物外观做了创新突破，为城市新兴生活方式提供了创新解决方案。尤其出色的是，整体建筑的动线采用了巧妙的“想象之旅”的设计手段，将K11的各个部分都与自然界明确相关（森林、湖泊、瀑布、垂直花园等），并且在叙事顺序中彼此紧密相连。它是一条主线，贯穿了建筑内部充满想象力的各种体验，在生活元素与自然素材的点缀下，与艺术展示区、公共空间以及高科技错落交织在一起。呈现在大众眼前的既是一座购物中心，同时也是一座艺术博物馆、环保体验中心，使人们能够获得多元化的体验，如艺术欣赏、人文体验、自然绿化和购物消费等。

图5-6-6 上海K11购物艺术中心

从商品展示与门店设计方面来看，上海K11购物中心突破了单纯依靠广告牌、商店门面以及橱窗商品装饰的直观宣传展示手段，而是在许多大牌商店的门店采用与商场整体设计相统一的风格，并且在这个大原则的前提下进行差异化设计，特色化品牌商品展示。橱窗展示也不例外，采用平面构成中的特异手法，不同楼层中的设计统一中又富于变化。

在上海K11购物艺术中心，公共艺术随处可见，艺术典藏作品分布于各个楼层，中心拥有3000平方米的艺术空间，与世界顶级画廊及艺术家合作，经常举行艺术交流、互动、沙龙、展览、演出等活动，并通过官网、新媒体等进行全方位多角度的互动。

第六章　城市公共艺术的未来指向研究

通过前述几章我们对城市公共艺术有了更深层次的理解，本章将在前几章的基础之上，对城市公共艺术的未来指向进行研究，包括制度与文化兼顾、城市公共艺术参与的平民化、城市的艺术化与公益化、城市的艺术化与生态化、城市的艺术化与本土化五方面的内容。

第一节　制度与文化兼顾

公共艺术项目的产生应基于一套科学的分级管理机制——由国家级公共艺术建设指导单位为决策层，城市公共艺术管理办公室为执行层，公共艺术艺委会为学术专业层，形成公共艺术建设管理体制，并且建立城市各级别政府部门在城市公共艺术建设管理上的垂直管理和运作机制，从而实现信息互通、协调一致地执行城市公共艺术建设的总体规划和重点把控，提高城市公共艺术的质量和监管力度。

而且，公共艺术管理制度与一般艺术的管理制度不同。作为公共财产的一部分，公共艺术作品方案的审批、招标、设计、设置、版权以及保护等都亟待立法。健全相应的法律法规，对城市公共艺术健康发展具有十分重要的意义。

公共艺术的制度与文化兼顾在参与公共艺术实践的艺术家眼里及理论界中广受重视，并被积极宣传。公共艺术是从属于社会公共事务及有关公共行政范畴的一项文化事业。为了让更多的社会公民可以参与并享有公共艺术的艺术活动和资源的分配，有必要进行主管公共艺术发展及管理的权力机构（和协作性的组织机构）、运作机制和法律制度的建设，尤其是从属于公共艺术的城市雕塑艺术，其运作机制、程序以及法规建设亟待健全，因为这涉及国家与社会的艺术文化发展战略是否可以健康且有序地实施。“2002年中国北京·国际城市雕塑艺术展”中，一位艺术总监在与记者交谈时感慨道：

“我国的公共艺术立法已经十分迫切而必要。我国已经加入了世界贸易组织，未来更大规模的开放和交流是必然的趋势，我们的城市建设中公共艺术的比重与欧美和日本相比还相差很远，而且也存在不少问题。首先，我国城市雕塑建设起步晚，但发展速度快，几乎一哄而起。需要由国家从宏观管理的角度制定相应的政策、法规，使之有序发展。其次，城市雕塑的发展存在许多问题，如城市雕塑竞标中的腐败现象、严重的地方保护主义等，其结果是城市雕塑艺术性低，发展环境较差，地区、部门条块分割严重等，急需国家制定相应的政策、法规进行规范、协调。再次，中国雕塑家的业务提高和职业道德修养的自我管理需要加强。在当代社会经济国际化趋势的影响下，城市雕塑的发展也面临着全球性挑战，同样需要国家出台政策、法规来进行约束。”

这种公共艺术家、策划人所指出的问题往往有着普遍性和迫切性的特点。如今，我国不少城市都已有了关于城市雕塑和壁画艺术的管理机构，不过具有跨行业、跨学科和跨地区的城市公共艺术的专门管理机构还比较少，更缺乏比较规范、透明的管理机制，特别是缺乏切实有效的专项法律规章，致使创作者、接受者以及管理者都没有相应的法规依据去行使自己的权利和义务。除此之外，因法定的公共艺术专项基金得不到保障，往往使得全国各地的不少公共性和开放性的工程建设中，严重缺乏在其配套的环境与设施中进行必要的艺术建设的投入；因没有相应的制度及资金的保障，又往往导致事后的环境整修和美化中多次出现追加性的重新改造现象，也就是所谓的“二次建设”，这样一来不仅浪费了资金，而且会降低工程整体设计和艺术质量，甚至增加了腐败行为滋生的机会。除此之外，因没有健全的法规及制度的建设，公共艺术的社会公共性和竞选程序与方式的公平性也势必受到很大程度的影响。

通常情况下，公共艺术的创意与实施会与公共环境的规划、建筑、园林、公共设施以及公共管理等多个领域有关，它们之间的协调配合以及组织化、制度化、程序化的落实，才能够确保公共艺术建设的公共性（合法性）、整体性（环境及场域效应的一体化考量）以及相对的完满性（社会、文化和环境效果的综合评议）的实现与监控。如今，中国城市中还未建立起由规划师、建筑师、园林师、艺术家、政府职能机构等共同构成，行使发展、协调、监控和服务职能的多级制的城市公共艺术专门职能机构。所以，对本领域的发展和协调工作就很难做出专业化与规范化的指导和把握。作为常设性的公共艺术机构（如各级公共艺术委员会）可以是隶属于政府的下设机构，还可以是由政府扶持的社会性专业顾问机构，其基本职责是在政府、市民代表和艺术家之间成为城市公共艺术的发展规划、艺术作品的遴选、艺术家提名、艺术基金使用的分配和控制等方面做出甄别与判断，成为政府行政决策和实施的技术支撑，并且成为公共艺术之公共传播和推广的动力和载体。另外，对于相应的制度和法律的建立和维护是必不可少的，通常它们包括公共艺术项目在公共工程建设的总预算中所占的资金比例（及百分比）的法规；公共艺术建设专项资金使用的管理与监督法规；确保公共艺术作品的遴选机制、程序和监理机构的合法性的法规；公共艺术作品的安置与所在环境的基本功能保障、历史文化和生态保护等制约相适应的法规；艺术家作品的知识产权保护和社会赞助者约定权益的保护性法规，还有其他有关公共艺术品的管理、更换以及拆迁等方面的法律法规的建设和完善。未来，随着我国各地方法规和行政自主权力的加大，还有因地区经济和文化实力的不平衡等原因，各地方有关法规的内容也会有所不同，不过它们的建设和执行却是非常有必要的。

自从进入了20世纪90年代中期，中国的一些曾在国外学习或考察的艺术家将国外的理念和经验融入国内的公共艺术实践中，这对于城市公共艺术的发展机制及实施方式方面有一定的推动作用，并且产生了积极的影响。有的艺术家从艺术的当代社会使命和艺术与整体环境品质的关系入手，注重在城市公共艺术与公共环境规划与实施中的symposium（即专题性的研讨会）意识与做法，提倡在还没有施工的项目规划和设计阶段，就由规划师、景观设计师、建筑师以及艺术家等相关人员共同针对开发地块环境的自然、人文以及使用功能的特性等问题展开商讨、交流以及充分的协作，以期环境设计方案的整体性、合理性以及艺术品质的完满性得到应有的事前保障。艺术家注重symposium是因为他们已充分意识到，以往（特别是在君主制时代）遗留下来的那种“公共”艺术实施中的不足之处，具体来说，过去是由规划师和建筑师相继分别做完了某地块平面设计及建筑设计之后（乃至主体施工完毕后），最后再由艺术家（雕塑家等）在空余的空间中做作品的方式，这种方式的弊端主要体现在两个方面：一是很难保障整体环境的艺术品质；二是使艺术家在工作之初就会受到规划师及建筑师设定的条件以及既成的环境空间的限制，无法最大限度地发挥艺术家的才能和对设计的想象。所以，艺术家在意识到这个问题之后，就开始强烈呼吁规划、建筑以及公共艺术等方面的多位一体的协作。这样实际上也是为了对城市公共土地和环境资源负责，同时也是对保障广大纳税人利益负责。在“2002中国北京·国际城市雕塑艺术展”中的策展人及艺术家，已意识到了在我国还没有建立公共艺术的整套法规而主要依靠行政手段的现状下，注重多方的商讨和整体协作的重要性。例如，在一届艺术展中担当艺术总监的魏小明认为：特别在像北京这种尚未完全完成规划和建设的城市中推广和介绍symposium就显得具有更加特殊的意义，因为相比欧洲已成熟定型的都市而言，北京的规划还仅仅完成了一部分，仍然在继续大量地建设中，其城市公共艺术也在发展与变化中。针对其发展及综合的形态来说：“北京是古老的也是现代的，它的公共艺术可以有反映老北京风情的，也可以有最现代超前的。”当然，这种提倡城市公共艺术实施过程的symposium方式，并非仅意味着有益于艺术本身，目的也是为了提倡和推动社会的公共参与和制度化的民主协商，而对这种需要和精神的必要保障就要通过法律来实现。

可以肯定的一点是，公共艺术的公共精神的弘扬和制度、法律法规的建立和维护，一定是建立在整体社会的文明程度上的，建立在一定的民主政治制度和“政治文明”的自觉程度上。而且，与财产及权利的分配原则、经济运行的规则体系也有着十分密切的联系。其最高的同时也是最根本的形式就是体现在是否实现了国家的宪政，也就是体现在国家宪法对于民众个人合法权利及财产的维护和对国家权利的限制。有些学者曾反复强调：“宪政是统治者的权力得到人民真实地授予，老百姓的权力和自由在宪法中得到承认并且在实践中得到保障，政府的权力受到限制。这些条件都满足了，我们就认为这个国家有宪政了。”“在政治哲学和法理上说，宪法是统治者和民众之间的一个社会契约，有至高无上的威力，其他法依此制定，使法制有统一性，这是它的一个很重要的功能。宪法是通过限制国家权力来保护个人权力。如果宪法在现实中不能发挥最高规范的效力，或者如果宪法仅仅在维护法制统一方面发挥作用，而在维护个人权力、限制国家权力方面不能起到作用，那么这个时候尽管有宪法但还是没有宪政，这个时候宪法和宪政分离了。所以，最核心的是看是否真正限制了国家权力。”

在讨论到中国当前的宪政推进的情形及其背景条件的时候，有学者这样认为：“为什么1975年没有提出宪政？市场经济与宪政有密切关系，在没有市场经济的地方是找不到宪政的，所以市场经济的出现是中国宪政最强大、最坚实的社会基础，这是一方面。另一方面是人们对财产权和参政权的关注。这两方面是最关键的。……此外，对宪政的呼吁也反衬出宪法中提到的中国公民的一些基本的权力和自由尚未得到充分保障，有限政府的形成没有得到落实，所以对宪政追求的冲动就不会泯灭。当然还有一方面，中国不再是传统意义上的权力国家，也使得宪政成为焦点。”由此能够预见，未来有关社会公共领域和公共环境中艺术建设和管理的法律制度，一定会更多地对广大公民的意志和利益加以关注和落实，并且在肯定与维护公民个人合法的艺术创作与文化传播权力的前提之下，发展体现公民平等参与和共同享有的公共艺术事业，保障公共艺术不成为权力政治工具，不成为个人崇拜和迷信的传播工具，不成为个别政府官员和少数特权者个人操纵的事务，而是在充分尊重公民个人与社群的合法权利及意愿的前提之下，使公共艺术成为被社会公民授权并且体现最为广大的民众利益的文化事业。

关于公共艺术的组织与制度的未来建设，必须要努力提倡和规范其公共行政与公共服务的道德准则。例如，在公共艺术建设的服务与协助决策的委员会或者其他相关的公共机构的成员，应遵从类似于这样的准则和公约内容："为推动公共利益谨慎使用权力""承认并支持公众了解公共事务的权力""让公众参与决策""帮助公民与政府交涉""消除非法的歧视""通过建立和维持严密的财政和管理监督，并通过支持审计和审查来防止各种对公共基金的不良管理""推动平等、公正、代表性、透明性和保护公民权利的宪法原则"等。使公共艺术的公共性咨询及管理机构成为为外部社会的公民及公共事业服务的机构，而不是为了产生并扩大权力或者变相地成为营利性质的机构。除此之外，为了体现出"公平与公正"理论原则及精神，除了使公共艺术的实施体现大多数公民的利益外，还应该考虑社会中经济、文化以及生理上处于相对劣势的一些"弱势群体"（如贫困人口、失业者、处于低程度文化教育的人们及文盲、残疾人、老年人以及妇幼儿童等），要关注这些群体在其中的具体利益和平等参与的权力（如在公共艺术表现的文化情感方面及其公共环境设施的功能性设计，还包括项目完成后公共享用时的特殊优待条件的设定及管理服务中的岗位供职机会的开放性和公平性等方面），这些都要在制度的建设中进行规划与落实。

但是，从发展的观点来考虑，建立有益于公共艺术事业发展和规范化的制度仅仅作为一种技术或手段而并不是目的。因为制度与法律的建立还是不能成为全社会公共艺术事业健康顺利发展的必然的因果关系。实际上，制度与法律是一种用文本形式来约定和发挥强制性作用的系统化手段，而仅有作为一种文化和道德而存在的东西才是更深层次的、自觉的和根深蒂固的。假如一个社会没有相应的文化体系及道德价值体系作为有力支撑，任何制度和法规的设立都很难有效地实现它存在的用意和目的。所以，我们不仅要关注积极的、完善的公共艺术制度建设，还要考虑如何通过公共社会中艺术文化的建设去改造和培养我们社会的公共精神、公共道德、公共权力、公共环境、公共福利和所有市民的人格和文化素养。这样，公共艺术的建设和相关法律法规的建设才不会流于形式，才会真正实现其存在的价值和意义。

总的来说，新的制度的催生，是为了产生新的文化。不过如果没有新的文化的呵护和滋养，新的制度也很难生存和发挥出应有的效果。文化是融入人们生活方式和日常行为中的习俗与修养，同时也是一种高稳定性的观念形态。一种文化艺术的公共制度的生命力，必然是维系在相应的社会文化基础上的。所以，培养并确立民众的社会主体意识、民主意识以及在诸多领域的参与意识，即为公共艺术的文化内涵与社会意义的核心所在。我们要将相关制度和法律的建设与本质性的文化形态的建设放在同一重点关注的位置上，特别是应该将国民的文化民主意识与社会公共道德精神作为更长期、艰巨的重要任务来进行促进，这样艺术文化及其制度与公共社会发生最大的互动效应才会得以体现出来。

第二节　城市公共艺术参与的平民化

城市公共艺术项目，因其公共性，必然涉及社会众多阶层和机构，不仅需要政府领导和职能机构，还需要城市规划设计专家、城市文化研究学者、艺术家、景观设计师、建设业主以及社会公众等各方面积极参与合作。它并非独立存在的，所以应该完善公众参与机制，为公众全方位参与公共艺术项目提供完善的制度保证。

谈及城市公共艺术参与的平民化，就要清楚这里所说的平民所指，这里的平民主要内涵指的是非特权阶层的普通公民，也指的是为非政府公务机构和军队、警察等国家机器服务的普通市民。而平民化，在这里所指的实际上是作为社会生活中人与人交往中的某种价值准则和对社会权力运用的态度的一种普遍现象或者趋势。可以预见的是，在当代社会和文化领域，随着法制社会下市场经济的发展，民主政治和政治文明的不断强调，多元化的市民社会的渐成与壮大，社会教育及知识传播的普及和社会成员与团体的自主性及自律性的日益增强等因素的长期作用，未来社会的文化艺术的公共领域一定会继续走向价值观念的多元化及关爱普通大众利益和情感的平民化状态。从某种意义上来讲，现代社会与文化建设的平民化将反映出社会的理性与成熟，反映出社会政治制度、利益主体结构和社会公共事业建设及改造的某种进步，从而使社会的普通劳动者、纳税人的利益需求得到更合理、更多的满足，使社会普通公民在精神生活以及审美文化等方面得到更多的享受；公共文化艺术建设的自主和自治权力得到更高层次的完善与维护。只有这样，过去为少数人（统治者和文化精英）所把持和拥有的艺术文化才有可能更好地服务于人数最广大的普通市民阶层。

城市公共艺术是城市社会公众进行文化传承、审美愉悦、交流、进行公共合作和情感协调的重要途径，其发展变化与未来社会的整体改革及进步有着密切的联系。用马克思主义的观点来分析，文学艺术体现了社会经济基础及政治制度，反过来又作用于它们。公共领域艺术建设的平民化、民主化以及福利化正是未来社会经济和政治运作模式的自然反映。

一位社会科学工作者在推想中国未来政治与社会转变的情境的时候这样说道："中国社会由垂直控制结构向扁平社会结构转变，扁平社会的大体特点是人民权力得到宪法和各项法律的保护，国家已经建成成熟的约束政府权力的宪政制度，公正、平等、自由、民主和人身安全这些观念将成为人民和政府官员的共同的基本价值观；各地方政府和中央政府之间的权力将得到重新分配，地方政府的权力将大大扩张，相应地会有一个更适合权力配置的行政区划制度的产生；民间公共合作组织将大大发育，并在公共事务中发挥重要作用……"因公共艺术内在的特性与公民权利、社会制度、公共领域的合作和对话机制具有紧密联系，所以，未来我国公共艺术的作用及意义将在如今所看到的艺术审美、优化环境、愉悦人心、公民教育等方面之外，更多地体现在对市民社会文化意志与情感的彰显；对公共福利事业的参与及贡献；对社会公共道义的维护；对培养市民文化及素质的关怀；对公共领域争议问题的反应及监督批评等方面。换句话说，未来中国社会的公共艺术不仅会承担市民的娱乐和教育，还会更为鲜明地体现出在法律赋予公民的各种权力的基础上的公众参与及自决权，并且成为普通公民和公共社会团体实行自我创造、自我愉悦以及自我学习交流的艺术手段与文化平台。

在19世纪以前的一些西方国家中，艺术（arts）一词泛指任何有利于人们身心和娱乐的活动和方式。直到今天，在不少国家中，不管是在民众还是在政府方面要将艺术还给人民的要求（或者普及艺术与艺术教育的愿望）仿佛未曾湮灭过。但是，重要的并非是民众对艺术的喜爱程度或者国家专门资助的多少问题，而是艺术在社会公共生活中能否经由公众社会舆论的公开参与。在后现代的社会和文化语境下，我们认同文化艺术资源和批评权力的开放和平民化，是因为那样符合经济和文化进入多元格局的社会的客观需要，是因为有益于整体社会取得普遍进步与文化艺术的长足发展。

从社会进步和人的发展理想的大目标来看，公共艺术本身的繁盛并非最终目的，它只是为了符合与推动整体社会的繁荣、幸福和人性的自由和全面发展的文化方式之一。所以，为了努力靠近这个远大的目标，未来社会中公共艺术发展的成绩，在很大程度上取决于它是否最大限度地唤起和促进了全体社会公民对文化艺术的赏析、评议和论争的参与性，是否有利于公民自身人格和性情修养的提升和完善。实践证明，艺术兼具人格提高及身心愉悦这两个方面的作用。艺术是人生的一种愉悦，同时也是对纯粹功利和过分物欲的超越；艺术是生活和公共礼仪的教育，同时也是社会间人际与情感交流的良药。所以，我们主张艺术的公共性及其社会舆论的广泛介入，就是为了通过艺术的全民参与（共同享有）来推动全体社会的文化自觉、民主。

政治的民主体现在权力的产生、决策、监督、分配等方面的公平合理和社会共同体内的开明与相互尊重。而文化艺术的民主则体现在人类对彼此间的思想情感和相互生活经历的尊重。公共艺术的实践早就已经表明它其实担负有参与社会政治民主及文化民主建设的双重职责。它须肩负反映社会公众对于多元的文化价值、文化政策的认识和意见，反映国家和民族文化发展和对外交流的方略，反映城市和地域文化发展的主张与不同民族和区域利益的需求，反映社会弱势群体的权力和期望，反映社区凝聚互助的精神及居民的现实期待，反映市民文化及公共福利建设的愿望等方面的公共职责。也只有在文化及话语权力的平民化状态下，这样才有可能最大限度地唤起公众对于社会公共文化生活的参与。恰是因为文化的民主是奠定政治民主与社会文明的根本基础，是关于社会和国家事务健康稳固发展的长久课题。所以，我们应该向着将公共艺术及其文化理念的建构和传播与普通大众的平等参与方式相结合的方向努力。虽然这在目前还是处于一种展望和理想阶段，不过如果通过社会的明辨并且真正地实践，就一定会实现。

对公共艺术的呼唤，不是说不要重视或者否定个人性质的艺术创作的重要性及合理性。其实如果没有个人及私人性质的艺术创造与发展的自由，那么也谈不上公共艺术的合法性了。不管在过去的历史上还是在将来的社会中，作为个体的人的品位、礼貌、美的品行、美的情感、艺术才华、文化等一直以来都是人们理想的追求目标，同时也是群体社会得以提高的基础。所以，未来公共艺术的创作及其社会活动中，并非要削弱与淡化艺术家个人的艺术价值及创作个性，而是要给予充分的肯定与保护，保障艺术家和公民个人艺术作品的发表和出版权力，使他们对艺术的看法和主张得到尊重并自由的交流。

同时，因不同时代和文化语境的驱使，在公共艺术作品中也一定会需要展现出不同社群的文化共性——自然地体现出它的公共性和典型性。其实，也只有私人或个体性质的艺术与体现社会群体文化形貌的公共艺术的并存，才符合社会文化新生因素的不断孕育、交流的客观逻辑。

在一些发达国家，公共艺术规划非常注重公共艺术与社会公众的互动和交流。例如，利用大众媒体宣传推广，不定期报道城市公共艺术建设的最新动态，大量征求作品，邀请公众参与，问卷调查等，十分看重公众对艺术品的态度，并将其作为重要的考量依据。与此同时，公共艺术的社会教育也成了与公众进行有效沟通与交流的重要渠道。例如，美国达拉斯市的公共艺术规划中这样规定：从事公共艺术的艺术家有责任到各级学校进行社会教育，向公众阐释创作理念、制作过程与方法等。而社会教育的渠道主要包括参观、展览、演讲、召开听证会、请小区居民协助作品制作以及提供媒体资料等多种方式。或者把公共艺术加入学校的课程，把当地的公共艺术作品列入教材供各级学校使用，把公共艺术的推广教育推向正式教育的轨道，城市公共艺术机构把公共艺术作品印成艺术地图并且标注其详细信息等举措都是为了通过各种手段，使公众对公共艺术的认同感有所提升，使公共艺术真正融入城市生活中，并公众认可和接纳。

我国公共艺术的公众参与主要体现在设置规划过程中邀请公众参与前期调查，在实施过程中参与方案评选和艺术家参与创作等方面。积极汲取国外公共艺术的长处，并根据我国现状，能够寻求出比较适合国内公众参与公共艺术的渠道和机制，具体可以通过以下几方面来提升平民对公共艺术的参与度。

（1）为公众参与公共艺术服务积极拓展渠道。扩充参与的形式，如举行媒体沟通、听证会、代表大会，还有公众投票、公开展示、问卷调查等多元化渠道。

（2）成立公共艺术爱好者团队，使公众参与公共艺术项目的全过程。主要为社区公共艺术服务，团队组织由爱好公共艺术的公众组成，能够全面参与公共艺术的前期调查、策划、设计、后期管理维护以及社会教育等。调动起公众的参与热情，弥补公共艺术管理机制的缺失。

（3）制定公共艺术规划，其中包括公众参与。在公共艺术规划中明确公众参与的方式和途径，为公共艺术有效体现公共性创造一定的基础。除了常见的公众参与形式，还有很多渠道、模式可根据城市各自的特点加以引导，如典礼、展览、出版、征文、访谈、座谈、表演、网站公示、比赛、市集等，这些公共艺术的公众参与方式不是单一的，而是比较多样，所以不存在普遍性，城市公共艺术规划时应该结合具体需要，将它们列入规划条例中。

第三节　城市的艺术化与公益化

社区为城市的基础，其生存状态及文化品位的高低将直接影响到社会与市民的前途及幸福。曾经有研究近代城市史比较早的美国学者认为：“个人的认同感和生活方式源于他参与自己所属群体的生活……无论是在过去还是现在，各群体的文化认同感和生活方式根植于该群体所在地区的历史及他们自己的社会经历。可以认为，一个群体的文化产生于该群体在某一特定地域内生活的历史和社会经历。”可以这样说，除了家庭之外，社区是人们作为“社会人”的自我演练及群体依托的出发点和终点。这就需要公民在享有民主自由权力的同时，还要担负起共同的社会责任，保持城市与社区文化和政治的公共参与的热情，这是需要人们长期做出努力的事情。美国辛辛那提大学历史系教授、美国城市史研究会前任主任赞恩·弥勒（Zane L Miller）在对现代美国城市社会中出现市民中对自身公民身份的淡化、公益的漠不关心表示遗憾时说道：“社会宿命论强调的不是个人，而是集体。在社会上‘外在’因素的影响而形成的各个社会群体能够相互影响并促成‘社会进步’……城市公民履行其良好的公民义务，增强群体间的理解和宽容，为城市和政治体制的正常运转而牺牲个人的利益，都是维护和推进多元文化进步的基础。……但是，自从对城市有了新的认识后，上述思想被取代了，并且产生了始料不及的严重后果。它把我们从宿命论的监禁下解放了出来，为许多人提供了更多行使自己权力的机会，使尊重和保证他人行使权力成为绝对之必要。可以肯定，我们中间很少有人愿意放弃获得解放的机会和我们选择生活方式的机会，但是，对绝大多数人来说，他们在尊重别人选择自己生活方式的同时，却丧失了公民应有的城市和政治美德，对公众利益漠不关心。”

进入了21世纪以后，在中国的部分城市中才开始出现了在政府督导下进行社区（街道）“居民委员会”的选举，这是为了扩大社会公民有序的政治参与，完善以民主选举、民主决策、民主管理以及民主监督为核心的社区民主自治制度，改善与强化社区的自治功能。这是一个重要的社会历史进步现象，不过现实状况是，从社区组织及生活的初步民主化、自治化到社区居民普遍具有优良的公民美德和高度的公益责任心，其间还有很大的距离。

民众在一个处于历史转型时期的社会中，在一个新的社会环境和文化语境中，传统的社会控制力量会渐渐地消退，很多过去的生活习俗及思想观念渐渐地不再出现，当代和未来城市文化的重要课题是：市民大众在新的诱惑之下（如金钱、权力、名望、自由等）又该怎样建立起符合新的社会理想及行为规范和符合当代社会的道德及人格理念。一个城市社会的文化和制度，始终包含着两个基本范畴：物质文化与非物质文化，其中，非物质文化的组成部分包括价值观念、社会伦理、道德规范以及审美文化等。从中国近几十年来的发展中可以清晰地看到一种随处可见的情形，就是物质文化发展变化的速度及幅度远超过非物质文化方面。两种文化形态的发展非常不协调，从而造成人们渐渐地失去了作为一个社会公民应有的道德及行为准则，无视社会的公共职责和规范。从很多大众媒体的调查报告中得知市民的公共道德素养及人格修养状态的低下，这种现象着实令人担忧。例如，在首都北京的市民之中在对待社会公共职责、公共道德、公共参与、公共卫生、公共环境以及对于社区公共事务、见义勇为、互助互利、人际交往礼仪或者对待外来就业人员的态度等方面的表现，都显示出低水平的定性评估，这俨然已经成为一个事实。其实这种现象在全国各地都非常普遍。所以，作为当代和未来社会文化建设的一个组成领域，公共艺术在城市与社区的非物质文化建设当中，应注重其文化理念的传播与艺术行为过程中的社会价值和公共精神的弘扬。当然，它不应流于某种平庸化和表面化的道德说教或政治宣传，它的魅力和职责之一是通过艺术和艺术的推广方式对社会生活加以感召和干预。

公共艺术在以后的社区文化建设中，不仅要担负起社区视觉与生活环境品质的改良和美化，还应该尽量部分地担负起不断唤起社区公民的公益责任心、凝聚力以及荣誉感。换句话讲，使社区的公共艺术的方式与过程要更多地成为公众美育、公共利益及公共道德的自我教育、自我学习以及自我认同的重要途径。从某种意义上来讲，艺术比其他方式（如宗教、政治等）有较少直接的利害关系而较多文化的包容和交流的可能。人们通常可能通过对于艺术活动的参与、批评甚至冲突之后达成理解和妥协；消除某些隔膜和偏见乃至群体之间的某种反感而达成相互间的接受和理解。这种社群间的艺术的对话及沟通活动，通常会使人们给予他人及自我更多的理解与宽容，并实现对等级社会和现实生活的升华。

艺术就是通过人们不同的生活体验、情感以及意志的交流和碰撞而使更大范围内的人们（可能他们的社会身份、信仰以及文化背景存在差异）达成一定程度的相互谅解和自我超越，并且对那些必须共同面对的人类终极问题给予更自觉的关怀。所以，未来公共艺术建设应促进社区民众的生活。主动向自立、自足、自律、民主、共建、共享以及艺术化的美好生存境地发展。

第四节　城市的艺术化与生态化

公共艺术的价值取向不仅仅在于美化城市，更多的是对城市的积极作用，参与城市的振兴和发展并解决城市的问题。面对城市化进程中日益严重的生态问题，公共艺术领域渐渐地开始关注和反思生态问题，并且开始探索生态问题解决方案。与一般意义上的公共艺术相比，基于生态意识的公共艺术是为了通过作品唤起公众的生态意识，通过设计改善人类生活环境、维护生态系统的良性循环及资源的合理配置、减少物质及能量的消耗，实现人、自然和谐共生的目标。针对这种趋向，我们可构想一种艺术、生态与城市共生的模式，通过公共艺术的介入真正解决城市化进程中出现的生态问题，进而促进城市的可持续发展，起到公共艺术对城市发展的积极作用。

该领域可以被更深入地认识和探讨。我们可以分析和呈现公共艺术中蕴含的生态理念和手法，让人们用生态的视角对其进行观察并认识其作用。而且，通过这样的分析，我们能够肯定这类公共艺术对城市的多元价值，并判断其发展不仅是有益于公共艺术自身社会价值的实现及在城市中发展空间的拓展，同时也是城市生态问题的一种解决方案。艺术、生态与城市间共生模式的实现，及其在当代城市中积极作用的充分发挥，不仅需要设计者的认识和自觉实践，同时也需要唤起公众的生态自觉。除此之外，还需要结合各类相关的教育、活动以及机构等来促进艺术、生态与城市的共生，及其作用更好的发挥。

一、设计人员的生态自觉

对于日益严重的生态问题及越来越少的不可再生资源，非常有必要在全社会范围内形成高度的生态自觉。生态问题不仅仅是关于生态环境本身的问题，而更多的是关于人与自然的关系、人的观念意识等问题，保护生态环境并非某一个人或者某一方的责任，更是每一个人的使命。当每个人都了解保护生态环境的重要性，并自觉地将生态意识体现在日常生活中的各个方面，很多的生态问题会得到很好的解决。毋庸置疑的是，只有全社会对生态问题建立自觉自省的意识，生态问题才会真正得到根本解决。从当代的一些公共艺术作品中所呈现的生态取向中，我们能够观察到，生态意识正在渐渐地成为一些设计者的自觉选择，他们有的是出于自身的观念，有的是出于城市发展的需要，有意识地将作品与生态联系起来。在他们眼中，生态问题不只是城市问题专家与政府部门关注的问题，同时也是公共艺术设计、设置过程以及后续环节必须要考虑的问题。

可以说，城市公共艺术随着大规模的城市建设及大量的设计需求而快速地发展，城市公共艺术的创作需要更多的艺术家、建筑师、设计师以及规划师等的加入，使得公共空间中出现一批又一批的优秀作品。但是，一直以来，生态意识并没有成为设计者的自觉意识，到处都可以看到耗能耗材的公共艺术作品。在城市的建设和设计过程当中，甚至还有破坏环境的情况存在，如硬质景观太多导致的热岛效应；大量使用玻璃幕墙导致的光污染；华丽包装及过度设计导致的资源和能源的浪费，这些生态问题的出现实际上与设计者本身的设计是分不开的。通常情况下，设计的本意都是为了给人们营设便利、优质、人性化及艺术性的生活环境或者产品。然而长期以来，有些设计者的设计活动并未在一种生态意识的指导下进行，导致这些设计行为给人们的生存环境带来了不利影响，这是需要设计者反思和引以为鉴的。

因此，设计者应该更多地考虑到设计活动会产生怎样的生态影响。公共艺术，特别是大型公共艺术，通常设置在一个包含一定生态环境的特定场所，设计者的选择决定了作品与场所的生态环境之间的关系是对话共生，还是对抗抵触。设计者是尊重自然还是轻视自然?是节能节约还是耗能耗材?是维系生态平衡还是打破生态平衡？至于已经被破坏的生态环境中的公共艺术营造，是建立在修复改善生态环境之上，还是建立在推倒重来的基础之上?公共艺术的动力系统，是采用不可再生能源还是可再生能源?不同的选择会出现截然相反的结果，所以需要设计者在创作之前对此多加考虑，充分思考设计活动的影响。就像伦理学家约纳斯所说的："人类不仅要对自己负责，对自己周围的人负责，还要对子孙后代负责，不仅要对人负责，还要对自然界负责，对其他生物负责，对地球负责。"设计者也应该思考通过何种方式可减少或者弥补人类活动包括设计活动对自然的不利影响，思考怎样才能真正唤醒公众的生态意识，考虑怎样做才会有利于城市的可持续发展，这决定了城市乃至人类社会的未来。这就是一种生态自觉，也可以说是一种使命感。

生态自觉包括对自身的行为方式与生态环境间关系的认识，还有对保护环境、维护生态平衡重要性的认识，在设计活动中也体现为尽量尊重自然，通过形象化的作品警示生态问题的临近及其危害性，并通过自己的作品自觉践行生态理念和采用生态手法，尝试解决生态问题。若每一位设计者都可以把关注、警示或者解决生态问题加以重视，那么可以预见，会创作出更多对城市具有正面作用的作品。当越来越多的设计者能够主动、自觉地从节能、环保等角度对设计加以审视和对材料进行取舍，或者融入生态问题的警示和反思，生态问题将会因为这些带着问题意识的公共艺术的介入而得到多种解决方法。在现在这个各行各业都在寻找生态问题解决方案的年代，设计者的生态自觉十分重要，它可将更多基于生态意识的公共艺术推向公共空间，有效发挥其对于城市的正面作用。

二、建立公众的生态自觉

解决生态问题的根本就在于建立公众的生态自觉。众所周知，由公共艺术能直接解决的生态问题是十分有限的，基于生态意识的公共艺术更多是通过作品对生态问题的警示与反思，使公众也能够真切地意识到生态问题的危害和普遍性，并建立“维护生态，从我做起”的自觉意识，自觉采取低碳、环保的生活方式，从而从根本上解决生态问题。从本质上来讲，生态问题源自人们随意对待自然的态度和行为，进一步讲，源自人们匮乏的观念意识，所以，应该从观念意识中寻求解决问题的方法。

人们可借助于生态技术手段，不断修复人类社会活动对大地造成的破坏，不过若人们在思想上未意识到生态问题与自身行为之间紧密的联系，仍然如同过去那样随意对待自然，是不可能会有效的。在寻求生态问题的解决方法时，就必须要让人们从观念上真正了解生态问题与自身行为之间紧密的关联，使人们自觉采取低碳、环保的生活方式。在这个物质条件充足的年代，人们很难感受到潜在的自然资源的枯竭和消失，还未普遍了解过度的消费及无节制的物质占有以及向自然排放污染物质对于生态环境和人类社会的未来带来的危害有多么巨大，甚至是不可修复的。

进入21世纪以来，中国的部分地区越来越频繁地出现雾霾天气，使得越来越多的公众意识到空气污染问题的严重性，但是普通公众能做到的也只是买一个空气净化器或PM2.5口罩，做一些补救措施，但是对于他们还是缺少一种普遍的、有效的引导，人们仍然不知道进行自我行为约束，其实普通公众大可以从力所能及的事情做起，如尽可能多乘坐公共交通，采取绿色出行、采取低碳的生活方式，这样的生活方式就可以有效地减少空气污染。公共艺术具有唤起公众生态意识并采取自觉行动的潜在功能。通过基于生态意识的影像作品、互动装置艺术以及雕塑等公共艺术，能够让公众从中领悟到真谛，及时警醒，加强认同，建立自觉自省的观念意识。

就公众生态自觉的建立来说，认同感的产生非常有必要，而这一点是可通过公共艺术来进行强化的。公共艺术的重要作用不仅仅在于推动城市视觉形态、空间结构的优化，进一步讲在于通过文化环境、艺术氛围以及社会内涵的提升，有利于人们精神境界的提升，前者主要作用于城市的外在形式，后者主要作用于人的内在精神世界。若公众普遍从作品中体验到了某种情感，并产生了共鸣，在内心激发出了一些正面的因素，进而受其积极导向的影响，可以说，这件作品就比较容易发挥出其积极作用，较好地实现其社会价值。公众的认识和认同是作品实现社会价值的核心，而怎样加强公众的认同还需要进一步探讨。基于生态意识的公共艺术，以直观形象、互动参与、寓教于乐的形式，寓意深厚、语义丰富的内涵，向公众传达出生态理念，建立公众的认同感，激发公众关心生态问题，并自觉采取低碳环保的生活方式。生态学者何塞·卢岑贝格在《自然不可改良》中指出，生态不只是自然的问题，同时也是人自身的问题，人不仅要保护自然生态，还应该解决好自身的精神生态，可以说，人类只有发自内心地敬畏自然，解决好自身的精神生态问题，才有可能对整个世界，包括人与自然间的关系，有正确健康的认识态度，才有可能真正从根本上妥善解决“绿色”问题。

“生态”应真正地落实到具体的城市建设和设计当中去，才能真正地解决生态问题。在一个互动的场域中，艺术、生态与城市未曾有过的交织、融合、共生，三者之间相互渗透，彼此关联，共同发挥出一种有利于艺术的有序发展、生态环境的和谐有序、城市的可持续发展的综合作用。基于生态意识的公共艺术的价值也更多的是成为一种可触动人心灵的媒介，以情感化的艺术语汇取代枯燥的文字及说明，提供一种人与作品、人与人对话的契机，也在公共的场域中展示生态问题，为人们提供一个广泛关注和讨论生态问题的场所，使更多的人由于作品的激发而关心生态问题，自觉地在日常生活中持有生态意识，并落到实处，真正地实现人、自然与城市的和谐共生。

艺术、生态与城市的共生及其多元作用的发挥，可通过设计者在作品的创作或者设置过程中直接参与生态问题的解决，在创作的过程当中，对自然抱有尊重的态度，较少地干预自然，减少设置过程中的能耗、合理充分地利用资源。另外，通过作品影响人们对自然的态度及行为方式，唤起公众的生态自觉，当更多的公众能意识到生态问题与自身的关联并自觉采取低碳、环保的生活方式，由公共艺术的介入所引发的艺术、生态、城市的共生及其多元的作用才能得到有效的发挥，可能这是对生态问题更根本的解决方式。

三、在公共艺术中融入生态教育

生态教育无疑是提高公众生态意识及建立生态自觉的重要途径之一。过去公共媒体在某种程度上承担着对公众进行生态教育的功能，不过大多数情况下，单纯的宣传教育还是不能够使人们产生深刻的共鸣，无法让人们很难直观地感受到人类活动对于生态环境所产生的负面影响，而且很难将生态问题与自身行为之间建立起联系，所以这种生态教育的影响范围十分有限，效果也欠佳。而且与现阶段生态问题的大量存在和越来越严重的现状相比，生态教育很明显具有滞后性，没能在发现生态问题之前就普遍展开生态教育。举个例子来说，近些年来中国有些地区的空气质量急速下降，这时人们才认识到空气污染问题的解决已经到了刻不容缓的地步，但是还是有很多人不知道自己该从哪里做起，不知道面对这种局面应该采取什么样的措施，这就是缺乏生态教育的很明显的体现。

如今，设计者可以试着在公共艺术中融入生态教育，在广场或公园等景观设计和公共空间的互动装置艺术、雕塑等的创作中有意识地融入对公众的生态教育，作品中的生态警示和反思本身就可以看作一种生态教育。除此之外，阐释各类节能、环保等生态理念的影像作品或者互动装置艺术等，都具有对公众的生态教育作用。公共艺术的介入能够丰富和充实生态教育的形式，富有创意。

相比于说教式的生态教育，融入公共艺术的生态教育更能够被人接受，也更受大众的欢迎。公共艺术所赋有的寓教于乐的形式、多媒体的综合表现、直观形象的语言，可以让人在潜移默化中接受生态的教育，逐渐地建立起生态意识。其对于主题的诠释能力及明确的精神指向，可对公众的行为起到很好的引导和指向作用。因其置身于公共空间，使公众可近距离观察它、解读它，在面对面接触和互动参与中了解生态问题的现状，唤起公众生态意识，使其采取自觉行动，从身边每件小事做起，保护环境，减少环境污染，维护生态平衡。在互动的过程当中获得的美感体验与观念精神的提炼也会更加强烈，信息传达也会更高效。对公共艺术而言，更多地承担起该生态教育层面的社会职责也是体现其社会价值的方式之一。

很多时候，公共艺术除了作品本身以外，还包含各类丰富的活动，若可以在公共艺术作品和活动中融入生态教育，会使生态教育功能得到突出，也会使公众更容易在作品中获得启迪，建立自觉的生态意识。

成都活水公园建于1998年，是一座以水为主题的公园。它采用了国际先进的“人工湿地污水处理系统”，由中、美、韩三国的水利、园林、环境以及雕塑等专家跨专业合作设计和建造。它在景观设计中紧扣生态教育的主题，在活动设置上也重点突出生态教育的功能。

活水公园的景观设计与成都府南河综合整治工程紧密结合，其在水景观、水净化系统以及生态教育的结合方面进行了很多大胆的尝试，效果都不错，将艺术、技术以及教育通过一种广受欢迎的方式相结合。在公园的景观设计中，设计者把各类景观要素与生态技术紧密结合在一个水净化的过程中，此外，还设置了相应的图文介绍，从而更加突出生态教育的作用。围绕柱状的沉淀池设置了一个科普环厅，系统介绍活水的流程和整个成都府南河的生态改造工程，对净水系统和各个环节进行阐释和说明，使公众可了解景观设计的介入和作用，也了解了该独具创意的生态净化过程。这是一种注重与公众互动的有效的生态教育方式，不仅以景观的形式呈现了生态净化的过程，而且，也通过深入浅出的图文形式向公众诠释了具体细节。这种生态教育的形式有着良好的公众基础，可以作为一种融入公共艺术的生态教育模式进行传播和推广。

另外，活水公园还展开了一系列活动，配合公园的主题加以生态教育。比如，组织一些大学生与中小学生开展了植绿护绿、保护环境以及“我爱母亲河”主题队日等活动，学生们从中获得的体验比传统说教式的生态教育更强烈，所以活水公园被誉为“中国环境教育的典范”。活水公园还与“根与芽”环境教育项目的创立者珍·古道尔博士合作建立了环境教育中心，向青少年、教育工作者和普通公众开展与环境教育相关的培训、讲座、论坛等活动，为公众提供了户外生态教育的机会，这些均为可供借鉴的融入公共艺术的生态教育模式。

除此之外，一系列具有互动性和参与性的动水景观也促进了公众接近水、关注和保护水资源的生态意识。在景观中，人们可获得更直观的体验，感受到生态问题的存在，并由此而受到教育。活水公园的设计充分考虑了怎样唤起公众观念上的生态意识和行为的自觉行动。

上海的一件公共艺术作品梦清园环保主题公园就很好地融入了公共艺术的生态教育，这也是一个活水公园。它融合景观、生态技术、生态教育于一体，源源不断地实现苏州河的水质净化。它建于原上海啤酒厂的基础之上，对其历史建筑进行保护性利用，改建成水环境治理的展示中心——通过大量图文资料、模型演示等，系统地展示苏州河生态系统的演变、退化、修复过程和未来发展前景。结合园内各景观要素及指示牌，集中呈现出苏州河治理过程中各个景观要素与生态技术的融合。

在一些景观要素旁设置的一个个指示牌（图6-4-1），上面有这样的文字：

蝴蝶泉由人工开挖四条小溪组成，形似蝴蝶。小溪内的流水是由苏州河水经过湿地净化后通过空中水渠汇流而成。在它们的四周装有直径比头发丝还要细的喷头，轻盈飘逸的水雾，在天地之间悬浮着，经久不散，远处的景点似披上一层朦胧的轻纱，人们置身其中，亦幻亦真，仿佛进入仙境。同时也是河水的第一次沉淀过程。

星月湾是苏州河水经梦清园景观水体生物净化系统处理后，回流到苏州河的出水口。夜幕降临，水下的灯光变换出赤、橙、黄、绿、青、蓝、紫七种不同的颜色。犹如繁星点点，美妙动人。梦清园景观水体生物净化系统建成至今运行稳定，连续多年检测结果显示：出水水质比苏州河进水提高了一个水质类别，水生生物多样性提高了13%～26%。

图6-4-1　梦清园内具有生态教育作用的指示牌

（据张苏卉，艺术、生态与尘世的共生：基于生态意识的公共艺术在城市化进程中的作用及发展研究，2017年）

清漪湖：一派南国风光的清漪湖是由清水、白沙、棕榈、卵石、游鱼等景观元素组成，它最大的特点是使河水保持很高的清澈度。可谓“户枢不蠹，流水不腐”。流到此处的水已经达到养鱼的标准了。

绿荫广场：广场中央的九棵枝繁叶茂的榉树是上海乡土树种之一。为梦清园添上了浓浓的本土气息，在夏日，有着很好的遮阴效果。此处是市民休闲、活动的一个理想场所。

这些说明文字使公众便于理解景观的生态功能，也是加强生态教育的途径之一。除此之外，在公园中还设置了一系列具有生态教育意义的雕塑作品。在引苏州河水入沉淀池的地方，设置了一架容纳公众参与的人力汲水车。大量的雾喷泉不仅增加了水中的氧气量，改善了动水景观的质量，也营造了烟雨蒙蒙、引人入胜的美好意境。水草或波浪形态的《听水》雕塑让人情不自禁地走进倾听水的低语，并探究其所隐含的实际功能及意义，这件作品与各类以生态为主题和元素的景观要素共同起到了梦清园环保主题公园生态教育的作用。

梦清园里有一个多媒体沙盘，它把普通的沙盘模型与多媒体投影、玻璃鱼缸等结合在一起，形成四幕生动的多媒体场景演示，再现了苏州河由清澈——浑浊——黑臭——还清的历史变迁过程。在参观过程中，公众可以对苏州河的治水历史及水净化系统有生动的了解。通过梦清园的资料说明、模型演示及公园里结合各类景观的水净化系统，公众能够了解水污染的危害及其形成机制，还有水生态系统重建对水质改善的重要意义和作用，在这个游览的过程当中，也接受了一次生态教育的洗礼。这种“寓教于乐、寓教于景”的生态教育方式可以提供鲜活、生动、深刻的参观体验及心理感受。

活水公园和梦清园重点突出了人与水的和谐共生关系，使公众在游览过程中建立起保护水环境的生态意识。这两座公园被誉为“示范性工程”，不仅向社会呈现出了基于生态意识及具有生态教育功能的公园，也是为了探讨怎样在景观的设计中融入生态修复系统从而达到“活水”的目的。只有当生态意识真正深深扎根于人们观念意识中才会渐渐地解决生态的问题，由此来讲，融入公共艺术的生态教育是一种有效的户外生态教育方式，对培育公众生态意识、激发公众自觉的环保行动以及促进公共艺术作用的发挥来说有着十分积极且显著的作用。

四、举办生态主题的公共艺术活动

公共艺术活动是公共艺术的重要组成部分，也可看作是艺术、生态与城市共生的保障机制。定期举办公共艺术活动，可使公共艺术的社会效应放大。因为在活动举办的过程当中，多元主体围绕作品的互动与交流更容易引起公众广泛的关注，媒体的宣传可扩大社会效应，使其突破场地的限制，进入更广阔的公共空间。

举例来讲，深圳华侨城是国内公共艺术发展比较成熟的一个社区，它创造了一种艺术介入社区的模式，定期举办“当代雕塑艺术年度展”，至今共举办八届，从第七届开始更名为“深圳雕塑双年展”。它不仅仅是一个社区范围的展览，还是一个国际性的公共艺术活动。它集聚了公共艺术领域最活跃的国内外艺术家，基于华侨城社区该特定场所和社会热点话题而创作。每一届展览都会拟定一个主题，其中出现频率最高的词汇有公共性、社区环境、生态性等。参展的作品大都从不同角度诠释了艺术的公共性、艺术与社区的文化、环境、生态之间的关系。以第二届展览为例来讲，它的主题是“平衡的生存：生态城市的未来方案”，强调了艺术对现实的能动作用、艺术与人类赖以生存的自然生态、社会环境以及公共空间密切相关的平衡关系等，就是为了探讨现代艺术与城市环境的融合，以公众的和谐生存和居住为线索，将公共艺术融入社区的公共空间中。基于这一主题，艺术家针对现代与传统、人类与环境、发展与生态等当代社会问题展开了思考，从不同的角度加以探讨。每一届当代雕塑艺术年度展都将展览定位在“户外展示”，大部分艺术家在现场进行创作，公众有机会参与其中，创作过程的完全公开也是公众参与的方式之一。在与艺术家的面对面及与作品的近距离观察中，公众对作品内涵的理解通常会更加直观，更加深刻。而生态主题的频繁出现、大量探讨生态问题的作品的集体呈现、走进社区环境的展示模式、容纳公众的参与互动等，使得这一公共艺术活动可以发挥出很好的生态教育及宣传作用，对激发公众的生态意识具有比较明显的功能和意义。

除此之外，在另一项生态主题的公共艺术活动中也能够感受到其在生态教育和宣传、生态意识的唤起和培育等方面的尝试。2008年，亚欧艺术文化与气候变化研讨会以及“看气候——艺术文化与气候变化，创作方案展”在中央美术学院举办，展览呈现了一批关注气候变化给人类社会带来问题的艺术作品，也讨论了艺术作品在向公众传达气候变化信息的时候所扮演的角色。2010年，中央美术学院实验艺术系又与英国曼彻斯特都会大学艺术学院进行了探讨气候变化问题的艺术交流合作活动。在交流活动中，英国曼彻斯特都会大学的大卫·黑利（David Haley）教授，探讨了艺术与以气候变化为主的生态环境变化之间的关系。大卫·黑利是英国著名的生态艺术家，他主持了曼彻斯特都会大学社会与环境艺术研究所课程，近些年来，始终关注通过艺术来介入生态问题，关注可持续性发展，探讨通过跨学科的合作方式解决生态问题。他的作品有《河流生命3000：在时间开始的对话》《水的记忆》《伦敦温室》等。作为交流的一部分，中央美术学院吕胜中教授又受邀到英国曼彻斯特都会大学进行访问，并带领一批实验艺术系的师生前往英国曼彻斯特、利物浦以及伦敦，进行艺术与生态环境的考察。他们讨论了艺术家在环保中肩负的重任，不只是自己生活方式的调节，更重要的是通过作品来呼吁公众的生态意识和环保行为，使得影响力更为广泛。

另外，2010年北京举行了以“低碳减排，绿色生活”为主题的“2010高校环保艺术节”。这个活动在官方环保部门的指导下开展，汇聚了国内一些艺术院校的力量，如清华美院、中央美院等，主办方希望通过这一活动，集结一批具有影响力的、前沿的新锐艺术家和艺术院校学生，并通过中国知名艺术院校间的艺术交流与探讨，在更进一步、更广领域强化高校与社会的协作联动，进而唤醒全社会对生态问题的重视与关注。这次活动一共征集到300余件作品，这些作品基本上都采用环保材料及可回收材料进行创作，充分体现了生态理念，很好地契合“低碳减排，绿色生活”的生态主题。与此同时，艺术院校的学生们还参加了环保艺术讲座和环保创意研讨等活动，通过这些活动使生态主题得到强化与突出。这样一来，学生也会有意识地将生态理念融入日后的艺术创作中，将艺术创作建立在低碳、环保、尊重自然的生态理念基础上。“2010高校环保艺术节”如今也已经成了一项常规化的公共艺术活动，在福州大学、烟台大学等地举办，并且与“地球一小时”自愿熄灯活动等相结合，把生态理念通过该形式传达给更多的公众。这种活动的定期举办，对基于生态意识的公共艺术在社会中的普及和对促进城市的发展具有促进意义。

这种生态主题的公共艺术活动开创了一个艺术、生态与城市之间互动和共生的新局面，再加上媒体的宣传，把生态理念通过丰富的公共艺术活动集中呈现在公众面前，通过公众的直接参与拉近公众和艺术之间的距离，使公众对艺术内涵的理解进一步加深，使公众认识到节能环保的重要性，对于生态理念在全社会范围的普及与传播以及唤醒公众的生态意识来说，具有积极的推动作用。需要注意的是，国内如今生态主题的公共艺术活动还没有形成一个整体的气候，也缺少赞助这类艺术的基金会或者相关机构。但是，我们在这些常规的公共艺术活动中看到了一种局部的尝试，这可能会成为一种可加以复制的模式，渐渐地推行到更广的范围，使更多的公众参与到活动中来。

五、重视生态的艺术机构

建立关注生态的艺术机构，不管是在为解决生态问题提供更广的思路、生态理念的宣传和教育，还是在公共艺术的发展和社会作用的发挥上，都有十分积极的重要作用。很多生态主题的公共艺术活动都离不开关注生态的艺术机构，它们可以给予理念、教育、资金以及技术等方面的支持，可以集结各专业领域的专家学者，一起介入这一场域，针对共同关注的生态问题展开探讨。

在美国波士顿有绿道保护组织（The Rose Fitzgerald Kennedy Greenway），该非营利组织于2004年成立，以引导和管理当时即将建成的绿道公园系统，同时筹措资金作为基金及运作经费。绿道公园系统一共包括6个公园，从最北面的北端公园（North End Park）到最南面的中国城公园（Chinatown Park），总长2.5公里，每个公园都有独特的设计来呼应每个街区的场所特质。多样化的植物、独具特质的景观要素，为公众提供了亲近自然的绿色空间和移步换景的艺术园地。不管是从其所具有的环境效果来看，还是在设计及维护理念上，绿道公园都具有比较突出的生态性。

绿道保护组织力图提供一个可持续的景观，即是自然与创造性的环境的有机结合。绿道公园位于交通干道的中间，层次丰富的植被和穿插的喷泉、叠水，具有阻隔两侧街道噪声、净化空气的作用。绿道公园通常采用乡土植物造景，同时循环利用水资源，体现设计者及管理者的生态取向。

绿道公园是美国为数不多的采用有机种植和维护的城市公园之一，不使用除草剂及其他有毒化学试剂。为此，其园艺人员都由专攻有机和可持续景观维护专业的成员所组成，他们尽量选择乡土植物种类和外来非侵入性的植物种类。乡土植物一般具备易于生长、维护成本低等特点，可以维持自身的动态平衡，并具有较高的适应性、稳定性以及抗逆性，具有较强的生态作用。绿道保护组织还在实践的过程中考虑所使用材料对社会及环境的影响，在景观的建设、维护以及保养所需材料的选择上，都尽量考虑就近原则，从而减少长距离运输的能耗。绿道保护组织以一种对环境负责的态度运作和维护公园，尽量减少人们在地球上的碳足迹。

因采用了有机种植和维护方式，儿童及宠物可自由、安全地在草地上玩，不必担心化学物质或者农药，也可以保证从公园流出的水不会污染波士顿港或者危害脆弱的海洋生物。绿道公园在注重有机维护的同时，也考虑公园内野生动物栖息地的创造和保护，乡土植物在公园的运用为野生的鸟类提供了全年的种子和果实。自从公园开放以后，每年都会吸引大量的公众，各种设计细节反映着对公众的重视和考虑：市中心办公室的职员中午的时候可以在公园随处设置的椅子上休息，年轻人常在草地上做瑜伽，孩子们喜欢在草地上及喷泉旁嬉戏，游客喜爱在雕塑旁逗留欣赏（图6-4-2）。绿道保护组织的主席乔治亚·默里（Georgia Murray）认为：这不是一夜之间的成功，而是它渐渐地被建成一个真正成功的公园。它正成为人们的一个习惯。

图6-4-2　美国波士顿绿道公园

（据张苏卉，艺术、生态与尘世的共生：基于生态意识的公共艺术在城市化进程中的作用及发展研究，2017年）

绿道保护组织作为非营利组织，致力于公共艺术事业，举办活动、赞助公共艺术。2012年，他们设置了一个公共艺术5年计划，该项目由艺术基金会（Fund for the Arts）所支持，这是新英格兰艺术基金会（New England Foundation for the Arts）的公共艺术计划之一。他们注重艺术家的创意，希望艺术家可以挖掘绿道公园作为一个充满活力的公共艺术空间的可能性。在绿道公园定期设置临时性公共艺术作品，为波士顿带来赋有前沿性的公共艺术作品，使人们置身于一个充满意义的环境，与艺术和他人之间互动。2015年5月，美国著名公共艺术家珍妮特·艾彻尔曼（Janet Echelman）的大型公共艺术作品《仿佛其已在此》（*As if it were already here*）（图6-4-3）就是由其赞助，作为公共艺术5年计划的一部分，设置在其中一个Fort Point公园，这成为一项在波士顿具有广泛公共效应的活动。作品开幕式当天，很多公众见证了这一时刻，波士顿市长亲自到场讲话。这件作品由绿道保护组织和众多基金会共同赞助而成，从70多件竞标作品中脱颖而出，受托设置于此。美国的艺术赞助传统造就了今日公共艺术的兴盛，由此可窥一斑。在随后的半年时间内，人们可每日与作品对话。这件作品采用绳子作为元素编织而成一张漂浮的网，固定在三幢建筑外墙上。白天，它随风轻盈地漂浮于空中，接受和传递自然信息，与自然对话。夜晚，作品悄然被点亮，时而绚烂如火焰，时而氤氲如冰川，带给人们不同寻常的视觉体验，令城市变幻出不同的面貌。当公众看到这样一件作品时，会为之震撼。在东南亚一个小岛上与渔民共同生活的经历为艺术家提供了灵感以及独特的语言方式。由绿道保护组织管理和运营的绿道公园体现了美国公共艺术整体运作的理念和手法，也因融入了丰富的生态理念而存在启示意义。

图6-4-3 珍妮特·艾彻尔曼：《仿佛其已在此》

（据张苏卉，艺术、生态与尘世的共生：基于生态意识的公共艺术在城市化进程中的作用及发展研究，2017年）

英国的生态艺术活动有专门的RSA艺术与生态中心组织，专门支持艺术家应对环境挑战进行创作，比较活跃。许多大学不仅设立了环境与生态艺术专业，在艺术体系中有了专门进行环境和气候研究的平台，其关注气候变化的公共艺术创作还拥有很多的展览与资助的机会。英国曼彻斯特大学艺术学院就成立了社会与环境艺术研究所，大卫·黑利教授是其中的成员，他建立了生态与艺术工作室、艺术与健康工作室等，组织了不少生态主题的公共艺术活动，在促进艺术介入生态方面做了积极的尝试。他策划了“极端的特性：应对地球变迁的艺术与建筑1969—2009年”艺术展，展出地点在伦敦巴比肯美术馆。这些关注生态的艺术机构通过开展生态教育、生态活动以及各种环境保护项目，推动以青年人为主的公众关注并参与生态环境保护，展开城市可持续发展的研究。

英国著名动物学家珍·古道尔（Jane Goodall）博士创建的“根与芽”组织也致力于生态教育，强调激励与培育青少年的生态意识，大力开展丰富的环保宣传活动，并强调与世界环保活动的接轨。与此同时，还积极筹措资金，用于生态环境改善与生态教育等。2008年，在北京奥运来临之际，“根与芽”组织与北京京西学校、拜耳（中国）有限公司共同合作，对北京京西学校鸭湖湿地进行景观改造，共同致力于改善水污染问题，进行以人工湿地为核心的水质净化与维持系统的建设，恢复水生态系统，提高水体自净能力，在去除污染物并净化水质的同时，改善河道景观，提升校园和周边社区的综合环境质量。同时，鸭湖湿地还作为青少年生态教育的天然基地（图6-4-4），使青少年有机会在这里感受环境变化对生态系统所带来的影响，更加贴近自然，还可以增长环境保护知识，学习大规模回收利用的益处和保护水资源、湿地生态环境以及野生物种等，该项目也被划分到“绿色奥运”整体计划的范畴内。

在这个基础上，诞生了“绿色一代环保教育中心”，人们可以在这里学习湿地工作的原理，参与各种湿地相关实验，了解北京周边的湿地环境，在根与芽环境教育项目工作人员的帮助下开始自己的湿地主题研究性学习；与北京京西学校和根与芽小组的同学们交朋友，大家一起探讨湿地环境问题，用自己的行动为周围环境带来积极改变；带领来自打工子弟学校的孩子们漫步自然，通过丰富有趣的活动传播自然知识，传递人文关怀；和根与芽北京办公室的工作人员共同到大自然中玩耍，倾听大地的声音，体验大自然的美好；参加社区开放日，了解孩子们及社区居民的想法，给予他们更多理解和关心。

这些致力于生态教育与宣传、关注生态问题的艺术机构，不管是在资金的支持、活动的举办方面，还是在生态教育、宣传和解决等方面都会发挥出必要的支持作用，这些方面也是公共艺术有效发挥在当代城市中积极作用的保障。

图6-4-4　根与芽小组的学生来鸭湖湿地参加“深秋湿地之旅根与芽基础培训”活动

（据张苏卉，艺术、生态与尘世的共生：基于生态意识的公共艺术在城市化进程中的作用及发展研究，2017年）

六、多元主体的有效协作

公共艺术是一个包含多元知识领域的交叉学科，有不同领域的参与者：设计师、艺术家、建筑师、管理者、投资方、媒体、公众。它不仅仅是一件作品，更是一个容纳多元主体互动交流的公共平台。而基于生态意识的公共艺术，由于涉及生态技术，还纳入了生态学家和技术人员，有些生态学家甚至直接成为公共艺术创作的主体，所以，该过程是一个包含多元主体协作的过程，各类学科的知识被综合运用于公共艺术的创作、设置、维护等环节中。

海伦·哈里森与牛顿·哈里森夫妇（Helen Mayer Harrison & Newton Harrison）是美国著名的生态艺术家，他们的作品有多元的学科领域及参与者，包括艺术活动家、历史学家以及生态学家等，他们的工作包括提出解决方案和组织公开讨论，还包括在一个艺术的文本内整理这些提案。他们的关注点基本集中在城市更新、水系复苏等方面，这些有远见的作品往往会带来政策上的一些变化，并且引发人们之间的广泛对话。其作品的涉及面也非常广，包含多种形式，如多媒体装置、大地艺术、图片、绘画、地图等。除此之外，他们还注重生态教育，与加利福尼亚大学艺术系合作，开设博士培养计划，名为“艺术实践：一个全球范围整体系统方法”（Art Practice：A Whole Systems Approach with a Global Reach）。人们从中能够观察到一个由物质、社会、经济以及意识形态因素共同影响的地球生态的模型，并借以观察艺术与生态环境间的复杂互动关系。通过对艺术与生态环境关系的学习与探索，学生们可以掌握开展广泛社会对话并影响政策制定的能力，进而对生态系统带来积极影响。在他们的计划中，艺术家需要掌握主动权，可以把握一系列条例，并且高效率地开展大规模项目。哈里森夫妇的作品基本都基于对生态系统的理解与尊重，还有对未来负责的态度，《温室里的山》（*The Mountain in the Greenhouse*）和《可抗力》（*The Force Majeure*）这些作品均为艺术家、科学家、工业界以及政府共同创造的项目，也表明了生态问题受到了普遍关注及广泛探讨。这些作品启示人们不可以忽视生态危机，更多为人类的未来着想。

哈里森夫妇致力于建立各种机构，为了地球可以拥有一个适宜栖居的未来。哈里森夫妇的艺术计划纳入了一个跨越众多领域的组织，其工作程序非常复杂。当艺术家与社团、艺术机构、科学家、政府机构协作时，他们创造的作品不仅涉及艺术本体的创意，还因其他参与主体和学科领域的介入而富含信息。由于得到多学科领域的智力支持，这样的作品为地球的生态系统提供了某种可观的前景。他们不仅是单纯地陈述生态问题，更通过具有艺术感染力的形式带给人震撼的效果，对生态意识起到一种激发的作用。他们的工作通常融入特定的社区，联合社区的公众，建立了一个与公众、专业人士互动沟通的平台，在与之协作中探索生态问题的解决方案，以艺术家的敏感和敏锐的眼光以及独特的视觉语言，创作出可以引发共鸣的作品。这种不间断的探索及几十年来与社团、科学家、政府机构协作而不断壮大的艺术团体收获颇丰，不仅绘制出一些有意义的地图，开展了卓有成效的计划，而且还致力于创造适宜栖居的场所，探讨人、自然与城市之间的和谐共生关系。同时，也使人们备受鼓舞，进而积极地参与生态问题的讨论和解决。

人们面对生态问题这样一个亟待解决的社会问题时，需要多主体的共同协作才能真正将其解决，其中不仅需要政策的指导，还需要城市规划部门、环保部门的参与，现在有越来越多的艺术家投身其中，与其他参与主体共同，形成多学科、跨专业的协同工作。艺术与生态间应建立何种联系？当艺术家渐渐将视点放置这个领域的时候，就打开了一个新的层面，艺术形态和创作手段也更加多元化，在这个平台上，各学科领域的合作也更紧密。对艺术家来说，生态意识不只是独善其身，还要以作品发声，从自身的角度和范畴来思考问题和创造更大的价值，用作品使人们意识到生态问题，使人们积极投身于生态保护中去。

总的来说，基于生态意识的城市公共艺术不仅是为了通过作品的设置让人们更多地意识到生态问题，修复被破坏的环境等，还需要通过城市公共艺术作品来潜移默化地影响公众的观念及行为，使公众可以自觉采取低碳、环保的生活方式，有利于实现城市的可持续发展。这都是基于生态意识的公共艺术所要达到的目的。为此，不仅凭借设计者和管理者的自觉，与此同时，还要依托融入公共艺术的生态教育来提升公众的生态意识，从而创造良好的接收基础，为生态意识的普及创造有利的条件。此外，还需要依靠生态主题的公共艺术活动放大作品的社会效应，使其接近更广泛的公共领域，在与公众的互动交流中被更多人观看、理解与接受。另外，还需一些关注生态的艺术机构参与进来，在活动的策划、资金的保障以及政策的制定等方面发挥作用。这些方面共同建构着艺术、生态与城市共生的支持系统或保障机制，有利于公共艺术在城市中积极作用的有效发挥。当这些方面的条件日趋完善后，这类作品会更多地出现，以其感性化的语汇、多元综合的手法，有利于促进艺术的有序发展，生态的和谐有序及城市的可持续发展。

第五节 城市的艺术化与本土化

公共艺术作为一座城市文化及精神的重要载体，其发展肯定要符合这座城市的地域文化特色。一项不具备本土文化特征的公共艺术，就没有当地文化的代表性，也就没有任何存在的基础。所以，尽管公共艺术是一个外来词汇，但是当它进入了中国，就要面临国内全新的环境及公众，公共艺术的本土化是它在中国生存和发展的必然趋势。

经过数千年的历史发展，中国的每座城市都有自己特殊的文化底蕴及特色，它表现在城市文化、经济以及生活等的各个方面。城市公共艺术的个性化尤其体现在它的本土化。对一座城市的特殊文化底蕴及特色进行继承、解读、发展、创新，才能够使公共艺术作品具有共鸣性，使得公共艺术成为精神信仰和城市名片。国外的公共艺术发展就具有浓厚的本土化特征。20世纪80年代，我国的公共艺术发展就经历了对西方公共艺术的学习、模仿和搬用的阶段，至今国内还有不少公共艺术项目设计存在生搬硬套国际优秀设计的现象。

中国本土文化底蕴十分深厚，中国的艺术表现形式也非常丰富，不过，一座城市的公共艺术要想持续地发展，只要求本土化是远远不够的，更重要的是要对其进行创新设计。公共艺术作为非常具有包容性的艺术门类，在中国的发展不仅可以扎根于本土文化，还可以在宽泛的艺术语言中进行创作和设计。

只有通过创新，才会摆脱依靠国外优秀设计的困境，真正地实现本土化，使得公共艺术成为具有中国时代精神的大众艺术。现在，中国也为公共艺术提供了开放、自由、包容、创新的良好环境。只有遵循公共艺术的本土化创新方向，才能真正把公共艺术变成有血有肉、有社会价值的中国公共艺术。

第六节　城市公共艺术资金来源的多元化

如今，我国的公共艺术项目建设几乎都是由政府主导的，在资金运作机制上也体现了该特征。不过在一些社会经济发展水平较高、文化需求和城市环境景观需求较高的大中型城市，也出现了城市公共艺术建设主体的多样性。

我们了解到，国内当代公共艺术资金来源形式主要包括三种：一是固定的政府财政拨款，二是不固定的政府财政拨款，三是开发商投入。固定的政府财政拨款的特点是数目不大、应用范围较小。不固定的政府财政拨款的特点是不同公共艺术项目专门立项、严格预算核算制度、具有明显的政府职权印记。而开发商为营造良好的环境，会对公共空间进行艺术化改造，然而其旨在商业利益的营利，而且开发商对城市的开发是不全面的、隔离式的。所以，不管是从公共艺术倡导的福利化精神还是从宏观上把握城市公共艺术，它都有待完善之处。

所以，城市公共艺术未来发展的资金来源应尽量实现多元化。而要保障公共艺术资金来源的前提即为立法，明确公共艺术在城市建筑项目中的占资比例。如今，比较切实可行的公共艺术项目的建设经费保障方式主要包括以下几种。

一、政府基金和税务优惠

毋庸置疑，政府对于提高城市公共艺术水平存在十分鲜明的需求，所以应当考虑设立公共艺术政府基金，根据财政情况及项目进程不定期划拨资金，直接参与公共艺术项目的建设。而公共艺术项目建设主管职能部门，则应该有比较充盈的日常办公和研究经费，不断地策划、谋划城市公共艺术项目。有的个案项目还可以通过政府专项拨款来解决。若地产或者建筑开发商在项目建设时期考虑并且实施了相关公共艺术项目，也可以在税收方面给予相应的优惠政策，从而提高城市建设者在公共艺术投入方面的积极程度。

二、设立“百分比政策”

将投资额超过一定数额的城市建筑等建设项目执行公共艺术“百分比政策”，至于其保留比例，完全可以结合实际项目情况制定一个比较灵活可变的办法。世界上有很多先进城市已经先后开始实施了百分比公共艺术政策，确立了政策的相关法律地位，使得此政策对城市环境发挥出了实质性的贡献。

三、公共艺术基金

由城市的建筑、文物、园林、风景旅游区以及新区开发区等城市功能区内公共艺术管理筹资，从建设维护经费中出资。

四、社会赞助及捐赠

应该充分、积极引导并调动社会资源对公共艺术项目的关注与投入，通过慈善公益形式、体现团体以及个人社会价值形式吸引社会力量的赞助与捐赠。

上述方法措施可供参考，通过人们的不断创新，还会有更多新的切实可行的办法，共同促进城市公共艺术发展。虽然从目前来看，中国当代城市公共艺术在制度发展、艺术方向以及技术创新等方面还有一些问题存在，不过随着社会的发展，艺术制度渐渐地完善，观念渐渐地发生转变，公众素养的逐渐提升，这些问题自然而然就会得到有效改善。

参考文献

[1]王中．公共艺术概论[M]．北京：北京大学出版社，2007.
[2]翁剑青．城市公共艺术[M]．南京：东南大学出版社，2004.
[3]杨清平，邓政．环境艺术小品设计[M]．北京：北京大学出版社，2010.
[4]诸葛雨阳．公共艺术设计[M]．北京：中国电力出版社，2007.
[5]王昀，王菁菁．城市环境设施设计[M]．上海：上海人民美术出版社，2006.
[6]胡天君，景璟公共艺术设施设计[M]．北京：中国建筑工业出版社，2012.
[7]孟彤．城市公共空间设计[M]．武汉：华中科技大学出版社，2012.
[8]鲍诗度，王淮梁，黄更，等．城市公共艺术景观[M]．北京：中国建筑工业出版社，2006.
[9]王曜，黄雪君，于群．城市公共艺术作品设计[M]．北京：化学工业出版社，2015.
[10]赵刘．城市公共景观艺术的审美体验研究[M]．北京：人民出版社，2015.
[11]徐凯．浅谈平面艺术形式在城市公共艺术中的运用——超平面艺术表现形式之“三维立体绘画”[J]．大众文艺，2011（2）：85.
[12]郝辰．“活”的城市户外家具——抽象主义城市户外家具实例点评[J]．美术界，2010（10）：60.
[13]王培培．关于城市标识系统的研究[D]．青岛：青岛理工大学，2011.
[14]段雨辰，罗云，任新宇．试论公共照明设施的设计策略[J]． 数字化用户，2013（10）：29.
[15]唐小简．城市生态水景设计研究[D]．南京：南京林业大学，2005.
[16]丁启明，赵小超．浅谈园林景观中的铺装设计[J]．建筑设计管理，2009（9）：52.
[17]袁辰梅．阜阳城市绿地植物调查与树种规划[D]．南京：南京农业大

学，2013.
[18]金卫娇．浅谈城市园林绿化发展趋势[J]．农业与技术，2015（10）：177.
[19]刘雪．以理查德·朗的“行走”艺术为例解读当代艺术语言形态的表现意图[J]．艺术与设计（理论），2011（4）：255.
[20]胡爱萍．虚拟空间在空间设计中的应用探析[J]．美术大观，2009（4）：190.
[21]王丽丽．展示设计中的复合空间设计[J]．数位时尚（新视觉艺术），2012（1）：102.
[22]王子嘉．论下沉式空间在博物馆中的应用[J]．黑龙江交通科技，2015（2）：197.
[23]张连生．城市公共艺术色彩[J]．东方艺术，2002（6）：170.
[24]青霞．在光影异境中为城市造新衣——林俊廷新媒体艺术一瞥[J].公共艺术，2010（1）：76–83.
[25]郭伟．构筑空间的光影意象[D]．长春：东北师范大学，2008.
[26]徐倩．公园道路景观设计浅析[D]．南京：南京林业大学，2009.
[27]朱军．公共艺术与城市景观建设[J]．北京建筑工程学院学报，2003（4）：46–49.
[28]王军．中国传统文化在公共艺术设计中的应用[D]．长春：吉林大学，2008.
[29]宋薇．公共艺术与城市文化[J]．文艺评论，2006（6）：94.
[30]施慧．现代都市与公共艺术[J]．新美术，1995（2）：40.
[31]于晨．公共艺术环境艺术设计理念之我见[J]．大众文艺，2011（11）：43.
[32]宋薇．公共艺术与城市文化[J]．文艺评论，2006（6）：92.
[33]王欢．城市公共艺术“公共性”实现方法研究[D]．长沙：中南大学，2013.
[34]郑宏．见证城市历史彰显城市性格——世界城市雕塑的历史沿革及发展趋势[J]．环境导报，2003（12）：33.